文本探勘
－小技術 大應用

許健將 劉福蓀 編著

全華圖書股份有限公司 印行

國家圖書館出版品預行編目資料

文本探勘：小技術 大應用 / 許健將, 劉福蓀編著. -- 初版. -- 新北市：全華圖書, 2020.10
　面；　公分
ISBN 978-986-503-508-2(平裝附光碟片)

1.資料探勘　2.電腦程式語言　3.電腦程式設計

312.74　　　　　　　　　　　　　　　　　　109015853

文本探勘－小技術 大應用

(附範例光碟)

作者 / 許健將 劉福蓀

執行編輯 / 李慧茹

封面設計 / 盧怡瑄

發行人 / 陳本源

出版者 / 全華圖書股份有限公司

郵政帳號 / 0100836-1 號

印刷者 / 宏懋打字印刷股份有限公司

圖書編號 / 06439007

初版一刷 / 2020 年 10 月

定價 / 新台幣 350 元

ISBN / 978-986-503-508-2

全華圖書 / www.chwa.com.tw

全華網路書店 Open Tech / www.opentech.com.tw

若您對書籍內容、排版印刷有任何問題，歡迎來信指導 book@chwa.com.tw

臺北總公司(北區營業處)
地址：23671 新北市土城區忠義路 21 號
電話：(02) 2262-5666
傳真：(02) 6637-3695、6637-3696

中區營業處
地址：40256 臺中市南區樹義一巷 26 號
電話：(04) 2261-8485
傳真：(04) 3600-9806

南區營業處
地址：80769 高雄市三民區應安街 12 號
電話：(07) 381-1377
傳真：(07) 862-5562

文本探勘，也被稱為文本挖掘、文字採礦、文字探勘、智慧型文字分析、文字資料探勘或文字知識發現等等。一般而言，是指從非結構化的文字當中，萃取出有用的、重要的資訊或知識。文本探勘是一門剛剛興起的學科領域，它是透過資訊擷取、資料探勘、機械學習、統計學和電腦程式語言來達成。由於絕大部分的資訊都是以文字的形式來儲存，因此近年來，文本探勘技術被廣泛地運用在各個不同的領域當中，具有高度的商業潛在價值。

本書共分為五章，第一章係針對初學者介紹 R 軟體的下載、安裝及其基本操作；第二章介紹進行文本探勘前所須具備的 R 語言基礎；第三章介紹文本探勘的基本概念（包括語料庫的建立與相關套件的使用）；第四章介紹利用文本探勘對中、英文小說進行分析；第五章介紹利用文本探勘進行網路爬蟲。全書由淺入深、按部就班地指導讀者學會文本探勘技術，進而能從各類非結構化的文字當中擷取有用的資訊，以做為後續進行下決定（decision-making）或形成政策（policy-making）之用。

本書是筆者從事文本探勘教學多年的心血結晶，適合大專院校各領域學系相關程式設計應用課程之學習教材。本書各範例均提供完整之 R 語言程式碼，能幫助讀者快速地理解，如何透過簡單的 R 語言程式撰寫而達到文本分析之目的。

本書之撰寫，是針對完全不具備 R 語言能力之初學者為主要對象，以手把手的方式進行教學，讀者只要跟隨書本的章節和範例，一步一步的練習，相信必能在最短的時間內學會文本探勘的基本技術，並能應用在自身所屬的領域之上。

本書能順利完成付梓，首先要感謝全華圖書公司林宜君小姐與李慧茹小姐的鼎力協助，也要感謝曾經修習過筆者所開設之文本探勘課程的所有研究生們，由於在教學相長的過程中得到許多來自於你們的寶貴回饋意見，而讓本書的內容能更貼近讀者的需求。本書之撰寫雖已力求完美，然疏漏之處仍屬難免，亦歡迎學者先進和讀者們不吝指教。

許健將、劉福增

sheu0102@gmail.com

2020 年 10 月

目錄

Chapter 3　文本探勘

Chapter4　中、英文小說分析

Chapter 5　網路爬蟲與文本探勘

Contents

Contents

Chapter

1

R 語言的下載與安裝

本章內容

- 1-1　R 語言
- 1-2　RStudio
- 1-3　R 語言的套件

　　R 語言是一種自由軟體程式語言與操作環境，主要用於統計分析、繪圖、資料探勘，最新版本可從官方網站 https://www.r-project.org/ 取得。官網上提供各種作業系統，包含 Windows、Mac OS 與 Linux 使用的版本。本書撰寫時，R 語言版本為 3.6.2，但不定期會有更新版本，約每年會有一次較大的更新。

1-1　R 語言

1-1-1　下載 R 語言

步驟 1　進入 R 語言官方網站 https://www.r-project.org/，點選「download R」。

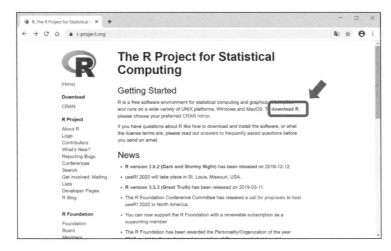

圖 1-1

步驟 2　選擇下載伺服器，「Taiwan」位置 http://cran.csie.ntu.edu.tw/（如圖 1-2），或是第一個「0-Cloud」（如圖 1-3）的 https://cloud.r-project.org/ 自動導向伺服器。

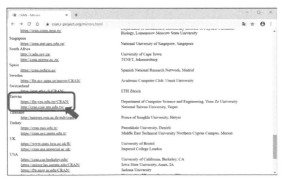

圖 1-2

圖 1-3

步驟 3 選擇作業系統，R 語言提供 Windows、Mac OS X 與 Linux 等系統使用的版本，可自由選擇。

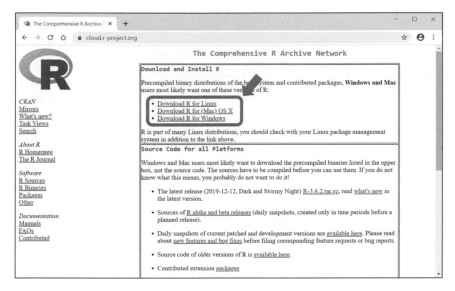

圖 1-4

步驟 4 我們以微軟視窗系統為例，點選 Windows，進入如圖 1-5 的目錄，選擇「base」。

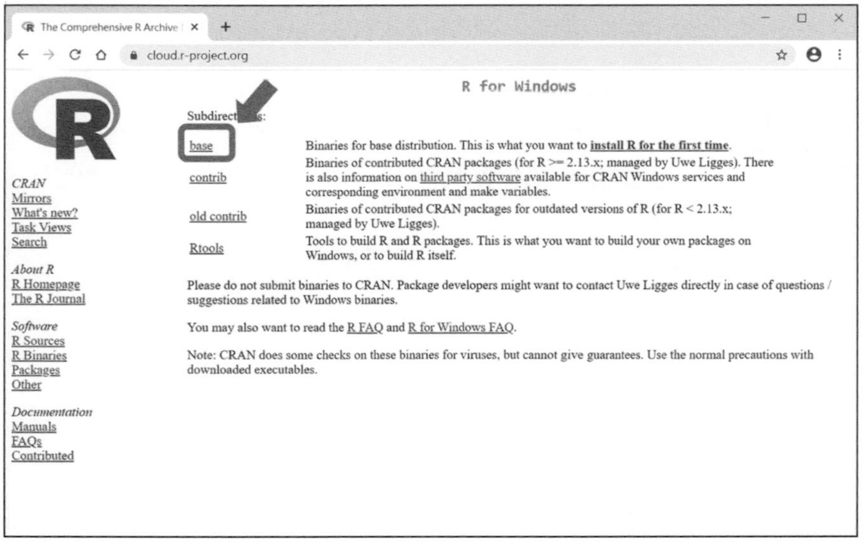

圖 1-5

步驟 5　選擇版本，如圖 1-6，畫面上方的「Download R 3.6.2 for Windows」為 R 語言的最新版本。

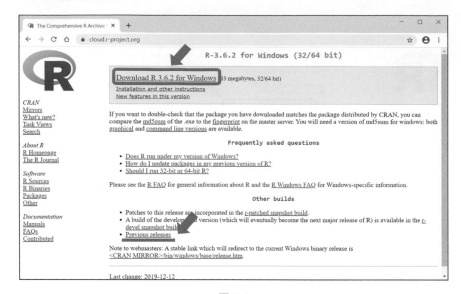

圖 1-6

若要下載更早之前的版本，點選圖 1-6 的「Previous releases」，再依版本需求選擇下載（如圖 1-7）。以下 R 語言安裝步驟以 R 3.6.2 版為例。

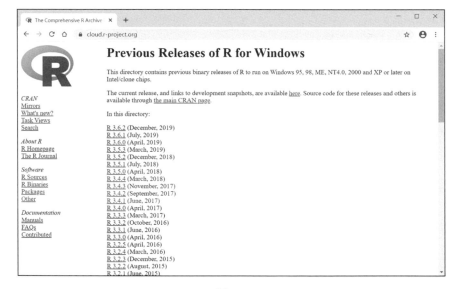

圖 1-7

步驟 6　下載後為安裝檔（.exe），點選檔案，進入安裝流程。

1-1-2　R 語言安裝步驟

步驟 1　開啟下載資料夾，執行安裝軟體，選擇安裝語言。

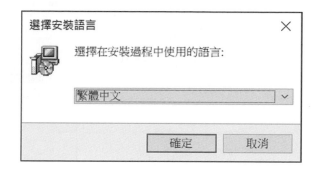

圖 1-8

步驟 2　閱讀完安裝前的重要資訊後，點選「下一步」。

圖 1-9

步驟 3　選擇安裝資料夾，預設為 C:\Program Files\R\R-3.6.2，也可自行選擇安裝路徑，注意路徑不要出現中文與空格，避免程式執行時發生錯誤。

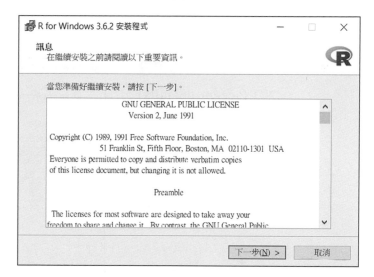

圖 1-10

步驟 4 選擇安裝元件，預設為全部安裝，包含 32 位元與 64 位元的 R 語言，可依電腦作業系統擇一安裝。

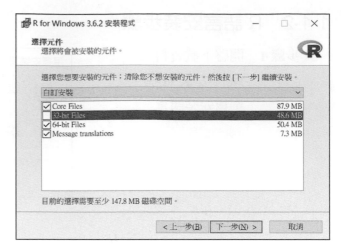

圖 1-11

步驟 5 啟動選項，選擇預設 NO (accept defaults) 即可。

圖 1-12

步驟 6 將 R 語言捷徑建立在「開始」功能表的資料夾，建議使用預設 R 即可，之後安裝新版本統一放在一起。

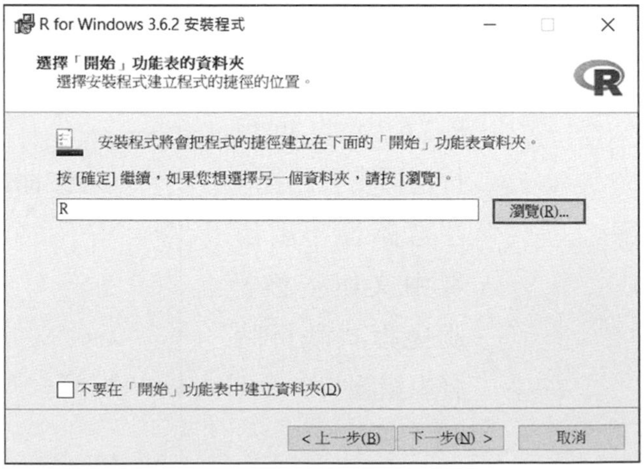

圖 1-13

步驟 7　選擇附加工作，「附加圖示」可依自己需求自由勾選，「登錄表項目」建
議兩個皆勾選。

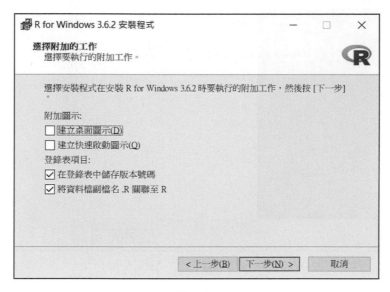

圖 1-14

步驟 8　完成以上設定，點選「下一步」開始安裝。

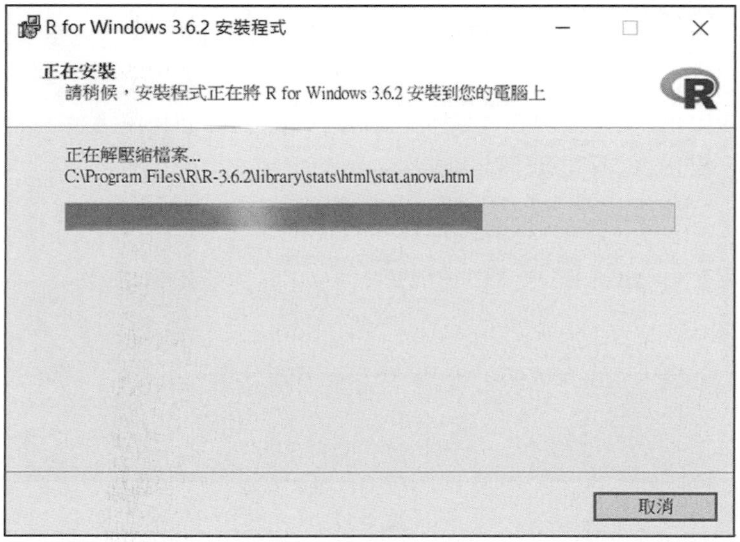

圖 1-15

步驟 9 安裝進度結束後，點選「完成」，即完成 R 語言安裝。

圖 1-16

啟動 R 程式：

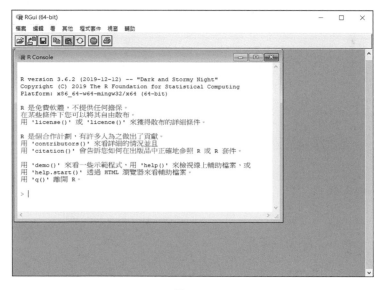

圖 1-17

1-2　RStudio

1-2-1　下載 RStudio

　　R 語言介面不容易上手，故推薦使用 RStudio，可以為使用者省去許多麻煩，後續介紹也將採用 RStudio。

　　首先，進入網站 https://rstudio.com/，點選上方「DOWNLOAD」。

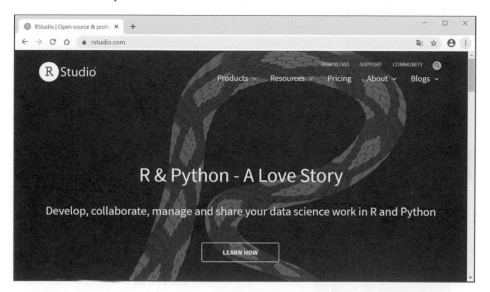

圖 1-18

　　進入 Download RStudio，網頁下方，點選「DOWNLOAD RSTUDIO FOR WINDOWS」，直接下載安裝檔。

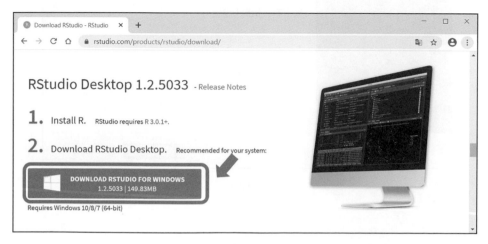

圖 1-19

網頁最下方也提供其他作業系統與 RStudio 的舊版本。

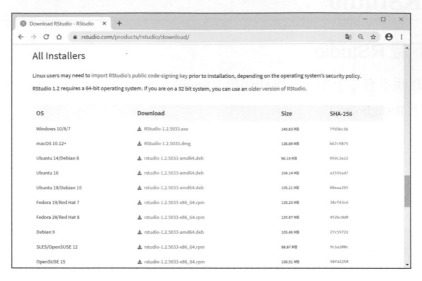

圖 1-20

1-2-2　RStudio 安裝步驟

步驟 1　開啓下載資料夾，執行安裝軟體，點選「下一步」。

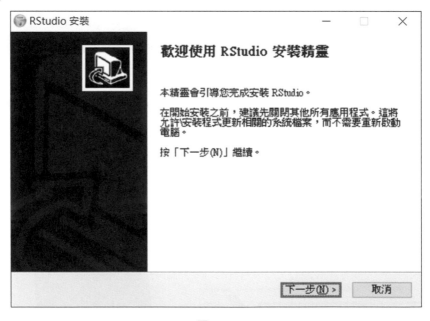

圖 1-21

步驟 2　選擇安裝資料夾，預設為 C:\Program Files\RStudio。

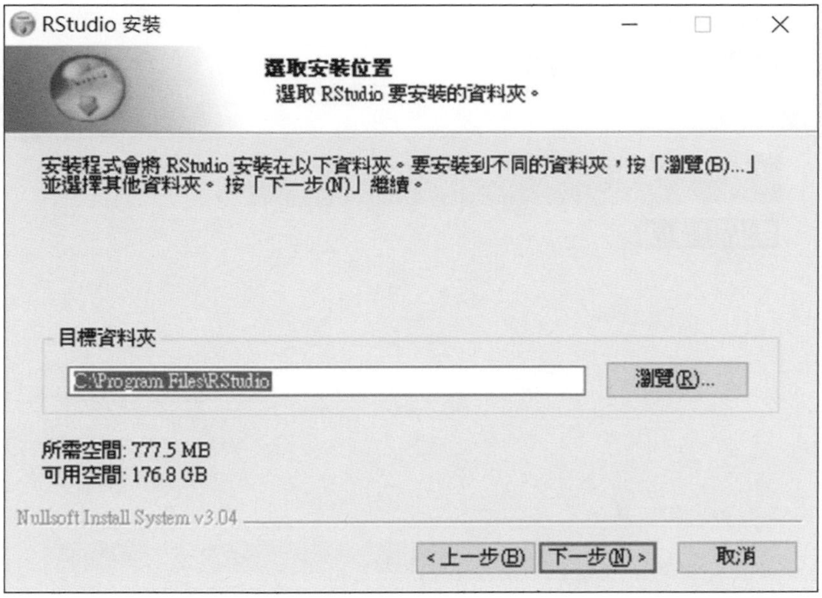

圖 1-22

步驟 3　將 RStudio 捷徑建立在「開始功能表」資料夾，建議使用預設即可。

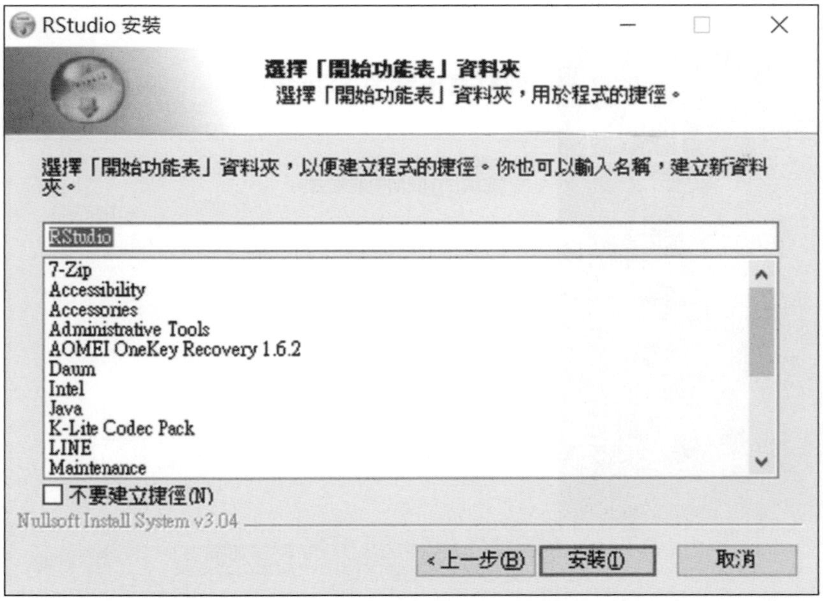

圖 1-23

步驟 4　完成以上設定，點選「下一步」開始安裝。

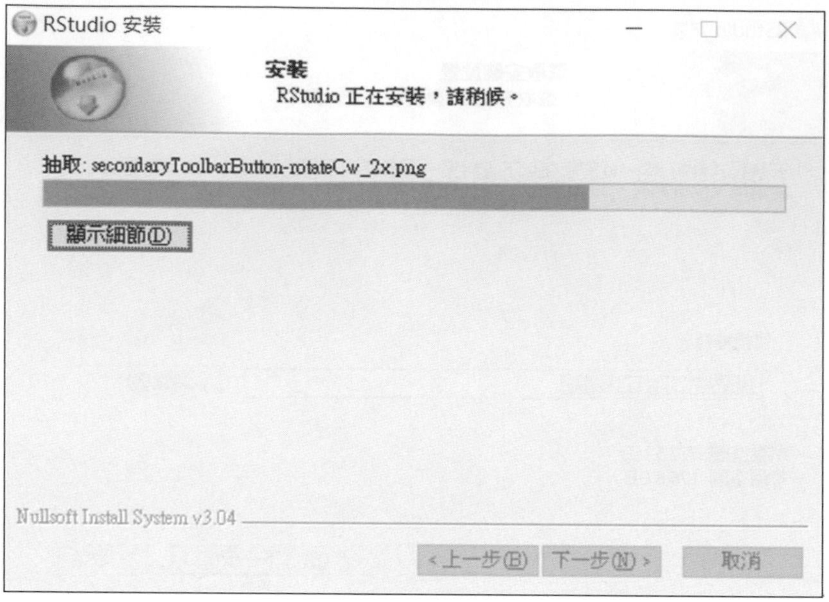

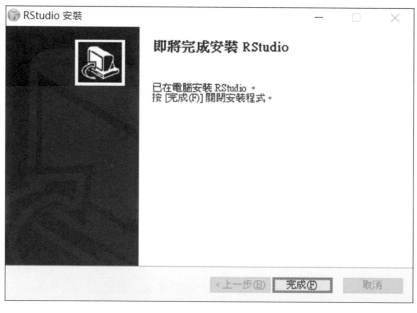

圖 1-24

步驟 5　安裝進度結束後，點選「完成」，即完成 RStudio 安裝。

圖 1-25

1-2-3 如何使用 RStudio

步驟 1 開啟 RStudio，啟動後會發現有三個視窗，如圖 1-26：

圖 1-26

步驟 2 先依序點擊「File / New File / R Script」。

圖 1-27

　　左上角會多一個視窗，這就是完整的 RStudio 介面。大致分成四個區塊，左上角用於撰寫 R 程式，左下角顯示程式執行結果，右上角顯示變數，右下角有檔案、圖片、套件與 Help 資訊。

圖 1-28

　　右下角 Files 為 R 語言的工作目錄，可藉由點選來讀取檔案或程式碼。若要設定工作目錄，依序點選「Session / Set Working Directory / Choose Directory」，或是 ctrl + shift + H 鍵，跳出新視窗，指定資料夾做為工作目錄，使讀取或輸出資料更為便利。建議工作目錄的路徑不要有中文字，否則程式執行容易產生錯誤。

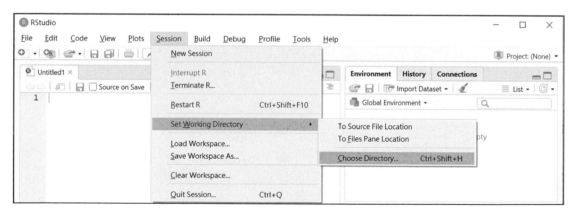

圖 1-29

通常在左上角撰寫完程式，點選「Run」或是 ctrl + Enter 鍵，執行程式。若需中斷執行中的命令，只需按 Esc 鍵即可。

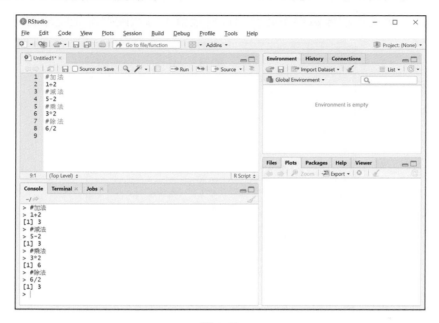

圖 1-30

此外，RStudio 操作環境可依個人喜好調整，點擊「Tools / Global Options」開啓 RStudio 選項。

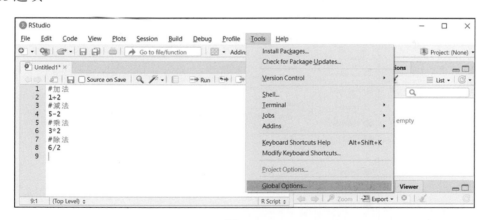

圖 1-31

　　在 General 的選項中，R version 提供使用者選擇所需 R 的版本（需先安裝該版本的 R 語言），更改後需重新啓動 RStudio。也可設定啓動或關閉 RStudio 時，回復或儲存 .RData 文件，避免損壞變數與不必要的資料殘留，每次開啓都是乾淨的工作流程。

圖 1-32

　　Code 選項，Saving 中的 Default text encoding: 可更改軟體編碼，預設爲 [Ask]，點選 Change... 更改爲 UTF-8，避免中文字在 RStudio 出現亂碼。

圖 1-33

Appearance 選項，RStudio theme 依喜好設定版面主題，Zoom 為顯示比例，Editor font 設定字型，Editor font size 設定字型大小，Editor theme 編輯介面主題。

圖 1-34

例如，設定 Zoom 為 100%，Editor font size 為 14，Editor theme 為 Pastel On Dark，其結果如圖 1-35。

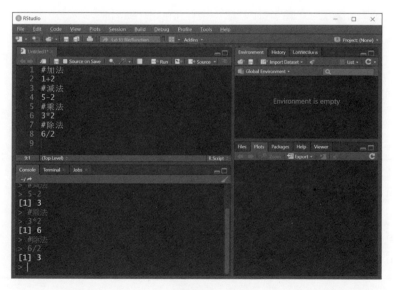

圖 1-35

　　編輯好的程式碼可將其儲存，點選 ![] 出現 Save File 視窗，再輸入檔案名稱，如圖 1-36 所示，將目前程式碼儲存成 math.R。

圖 1-36

　　之後若要使用 math.R 的程式碼，點選 ![] ▼ 出現 Open File 視窗，選擇要開啟的 R 檔案即可。

圖 1-37

1-3　R語言的套件

　　R語言有許多套件（packages）可以免費使用，截至2019年12月，CRAN已提供超過1萬五千個套件，由不同使用者所開發，至今仍不斷增加。套件是某個使用者預先寫好的程式，用於完成某個程式運算。例如：文本探勘常用 jiebaR 套件進行中文斷詞、wordcloud2 套件繪製文字雲、ggplot2 套件繪製圖形等等。

1-3-1　安裝套件

　　R語言提供安裝套件的方法中，最簡單的方式是直接點擊RStudio右下角的Packages，再點選Install（如圖1-38），跳出圖1-39的Install packages視窗，從CRAN資料庫直接下載套件。此外，在Packages輸入套件名稱，RStudio設有自動完成套件名稱之功能，例如：輸入 jiebaR 套件會有如圖1-40的效果。

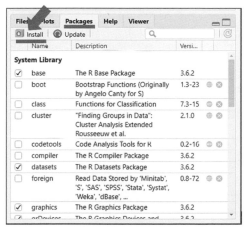

圖 1-38

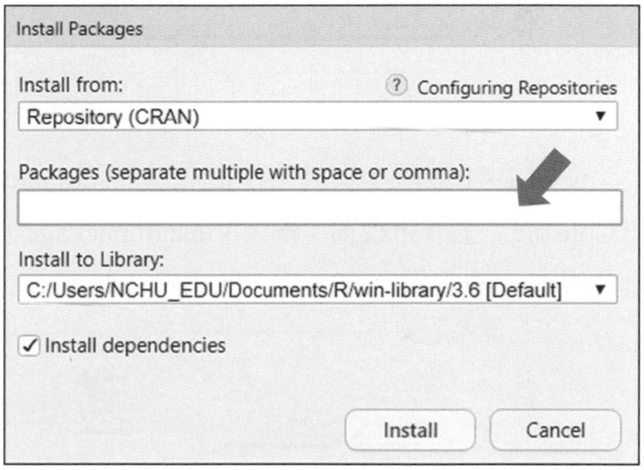

圖 1-39

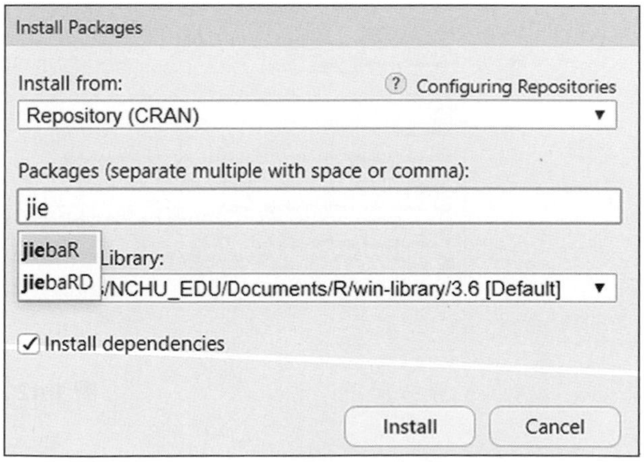

圖 1-40

　　有些套件需要搭配其他相關套件才可執行，圖 1-40 中的 Install dependencies 記得勾選，自動安裝相關套件。以安裝 jiebaR 套件為例，需安裝 jiebaRD 與 Rcpp 套件，如圖 1-41：

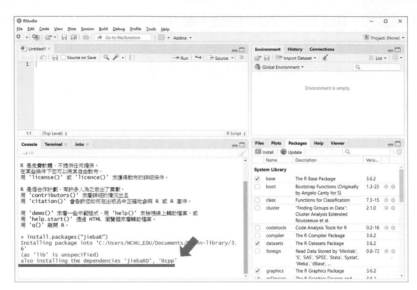

圖 1-41

　　從圖 1-41 發現，安裝套件指令為 install.packages，以安裝 wordcloud2 套件為例，可在 Console（左下角視窗）輸入「install.packages("wordcloud2")」指令，或是在 Source（左上角視窗）輸入指令後，執行程式碼（如圖 1-42）。

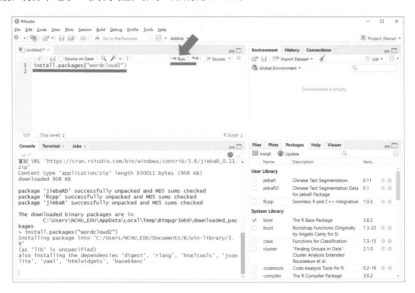

圖 1-42

1-3-2　移除套件

　　若因某些原因需要移除套件時，可在 RStudio 右下角視窗的 Packages，點選套件描述右邊灰色底圈的白色 X 即可。以刪除 wordcloud2 套件為例，先搜尋此套件，再點選灰色底圈的白色 X。

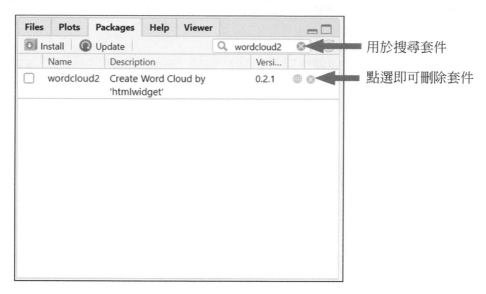

圖 1-43

　　也可由 remove.packages 指令來完成套件移除，以移除 wordcloud2 套件為例，其指令為「remove.packages ("wordcloud2")」，其效果如圖 1-44。

圖 1-44

1-3-3　載入套件

套件安裝完成後，以 library 或 require 指令載入套件，兩者差異不大，皆能達成任務，本書會以 library 指令來載入套件，當執行載入套件時，可能會遇到如圖 1-45 的錯誤訊息：

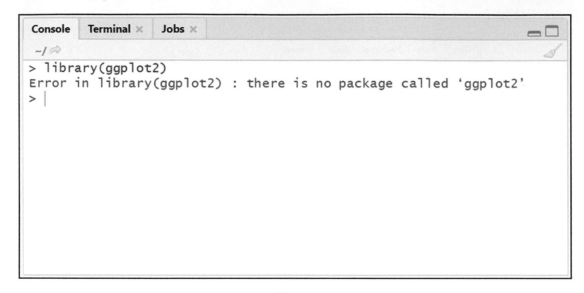

```
Console  Terminal ×  Jobs ×
~/
> library(ggplot2)
Error in library(ggplot2) : there is no package called 'ggplot2'
>
```

圖 1-45

以 library 指 令 載 入 ggplot2 套 件，但 Console 視 窗 顯 示 結 果 為「Error in library(ggplot2) : there is no package called 'ggplot2'」，此錯誤為未安裝此套件，無法順利載入。解決方法：使用 install.packages 指令完成套件安裝，再執行 library 指令，即可完成套件載入。

另一種載入套件的方法，是在 RStudio 右下角視窗的 Packages，勾選需使用套件名稱的左邊框框，即可完成載入套件，其效果與輸入 library 指令相同。此外，安裝或卸載套件時，套件名稱需加入引號，但載入套件加不加引號並無差異。

Files	Plots	Packages	Help	Viewer

	Name	Description	Versi...
	digest	Create Compact Hash Digests of R Objects	0.6.23
	ellipsis	Tools for Working with ...	0.3.0
	fansi	ANSI Control Sequence Aware String Functions	0.4.0
	farver	High Performance Colour Space Manipulation	2.0.1
✓	ggplot2	Create Elegant Data Visualisations Using the Grammar of Graphics	3.2.1
	glue	Interpreted String Literals	1.3.1
	gtable	Arrange 'Grobs' in Tables	0.3.0
	htmltools	Tools for HTML	0.4.0
	htmlwidg...	HTML Widgets for R	1.5.1
	jiebaR	Chinese Text Segmentation	0.11
	jiebaRD	Chinese Text Segmentation Data for jiebaR Package	0.1

圖 1-46

1-3-4 下載 Rtools

若是第一次安裝套件，可能 Console 視窗會出現警告訊息。

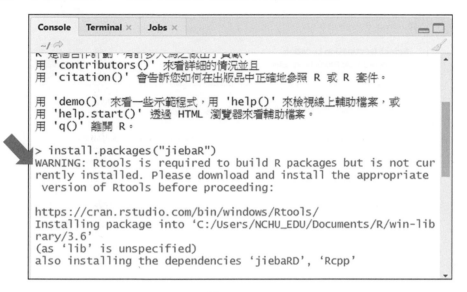

圖 1-47

此警告訊息是因為 Rtools 用於構建 R 套件之工具，雖然仍然可以順利安裝，但建議依警告訊息所提供網址 https://cran.rstudio.com/bin/windows/Rtools/，參考圖 1-48。下載網址頁面如圖 1-48。

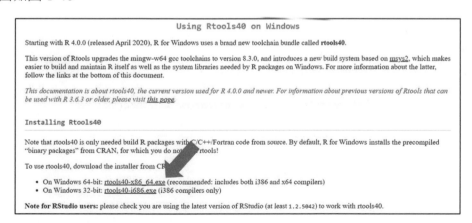

圖 1-48

1-3-5 Rtools 安裝步驟

步驟 1 選擇安裝資料夾，使用預設 C:\rtools40 即可。

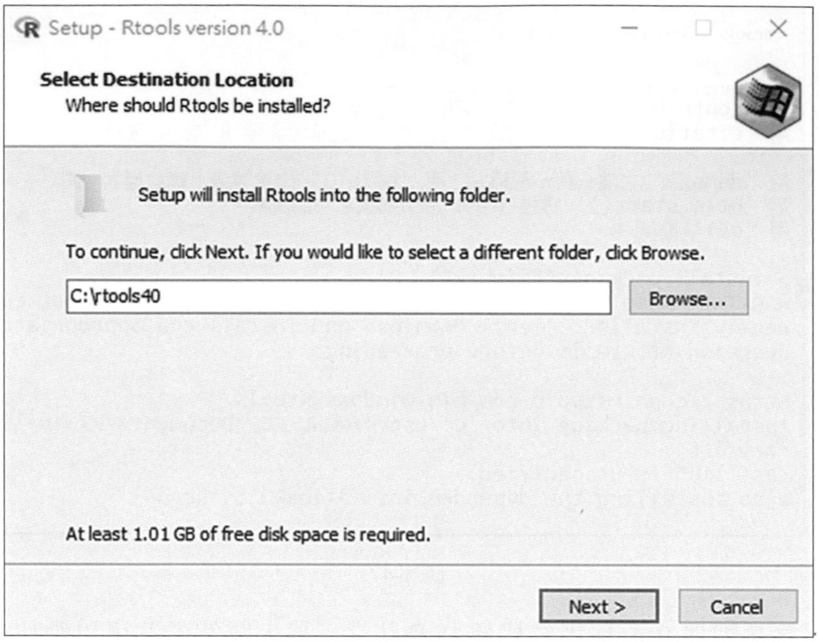

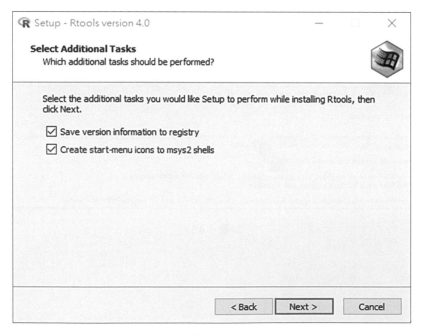

圖 1-49

步驟 2 勾選兩個選項，點選下一步。

圖 1-50

步驟 3　確認安裝訊息，點選「Install」開始安裝。

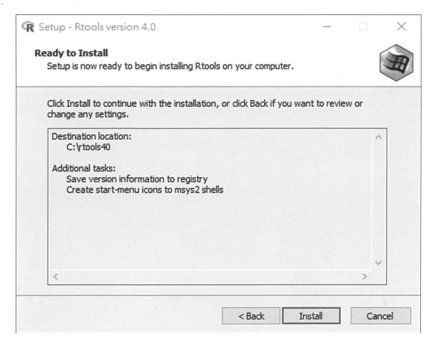

圖 1-51

步驟 4　完成安裝。

圖 1-52

NOTE

Chapter

2

學習文本探勘前的 R 基礎

本章內容

2-1　變數

　　變數是所有程式語言不可或缺的，R 語言在指派變數較為彈性，可將各式資料型態存入變數，包含函數、分析結果與圖表等。變數名稱可以由任意英文字母、數字、句點（.）和底線組成，不需事先宣告（declare），但名稱的第一個字母必須為英文字母，且大小寫代表不同變數，例如：X 與 x 是不同的變數。建議以有意義的名詞命名變數，以利於程式碼的理解。

　　接下來，試著用運算子 <– 或 = 來指派變數，建議使用第一種，其快捷鍵為 alt + – 鍵。請在 RStudio 左下角的 Console 視窗，大於符號 > 後面輸入指令，按下 Enter 鍵執行，回傳執行結果（前面沒有大於符號）。如範例 2-10：

■ 範例 2-1

```
Console   Terminal ×   Jobs ×
~/
> x <- 2
> x
[1] 2
> y = 3
> y
[1] 3
> X <- 5 ^ x
> X
[1] 25
> z <- X * (x + y)
> z
[1] 125
> |
```

　　執行完上面指令，發現運算子 <- 將右邊的值儲存到左邊，使左邊成為變數，且在 RStudio 右上角的 Environment 視窗，可以找到剛才指派的變數。也就是說，做數據分析時，可隨時查看已指派的變數與其內容。

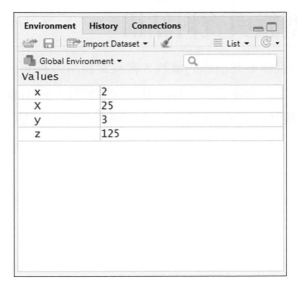

圖 2-1

　　若現在因為某些原因需要移除變數，可以使用 remove 或簡寫 rm 來進行刪除，可以用逗點（,）刪除多個變數。移除後，將找不到此變數。如下圖所示：

2-2　資料型態與資料結構

　　R 語言的變數可以儲存不同型態的資料，常見資料型態有 integer（整數）、numeric（數字）、character（字元或字符）、logical（邏輯資料）與 Date（日期），可儲存單一資料。若要在一個變數中儲存多筆資料時，則存爲資料結構，如 vector（向量）、factor（因子）、matrix（矩陣）、data.frame（資料框）、data.table（資料表）與 list（列表）。

　　查看資料屬性常用的有以下六種函數，表 2-1 爲判斷與轉換資料型態的函數。

1. class：資料型態
2. length：資料大小
3. names：資料之名稱
4. dim：查看行、列數
5. dimnames：查看行、列名稱
6. str：列出資料所有型態

表 2-1

資料型態	判斷函數	轉換函數
Integer	is.integer	as.integer
Number	is.numeric	as.numeric
Character	is.character	as.character
Vector	is.vector	as.vector
Factor	is.factor	as.factor
Matrix	is.matrix	as.matrix
data frame	is.data.frame	as.data.frame
List	is.list	as.list

2-2-1 數字：integer 與 numeric

先指派 x、y 為任意整數與小數，用函數 class 查看變數資料型態。

■ 範例 2-2

```
Console  Terminal ×  Jobs ×
~/
> x <- 2
> class(x)
[1] "numeric"
> y <- 1.5
> class(y)
[1] "numeric"
> |
```

發現變數 x 資料型態為數字 numeric，而非整數 integer。因為整數也是數字，R 語言預設儲存數字型態為 numeric，若要將其轉換成 integer 型態，可使用函數 as.integer，如下。

```
Console  Terminal ×  Jobs ×
~/
> x <- as.integer(2)
> class(x)
[1] "integer"
> |
```

舉一反三，若要將 integer 轉換成 numeric，就可以用轉換函數 as. numeric。此外，若要確認變數是否為 integer，可使用判斷函數 is.integer。

```
Console  Terminal ×  Jobs ×
~/
> is.integer(x)
[1] TRUE
> is.integer(y)
[1] FALSE
> |
```

2-2-2 字符（字元）：character

指派字符串（character）變數時，右邊需使用雙引號（""），否則會誤認為變數。

■ 範例 2-3

```
Console   Terminal ×   Jobs ×                                    ─□
~/

> R <- "RStudio"
> R
[1] "RStudio"
> class(R)
[1] "character"
> r <- RStudio
錯誤: 找不到物件 'RStudio'
>
```

相反地，若已事先定義好變數，那變數之間便可傳遞儲存的值。此外，儲存的 character 可以是英文字母、中文、數字與符號。

```
Console   Terminal ×   Jobs ×                                    ─□
~/

> Rstudio <- "有趣的"
> r <- Rstudio
> r
[1] "有趣的"
> class(r)
[1] "character"
>
```

2-2-3 邏輯資料：logical

邏輯資料（logical）是涵蓋 TRUE 與 FALSE 的二元資料，常用於邏輯式的判斷，R 語言也提供 T 與 F 做為簡寫。

■ 範例 2-4

```
Console   Terminal ×   Jobs ×                                    ─□
~/

> a <- TRUE
> class(a)
[1] "logical"
> b <- F
> class(b)
[1] "logical"
>
```

　　由於 T 與 F 可被當成變數名稱，不建議用此簡寫，否則容易產生如下的狀況，變數 b 為字符，造成混淆。

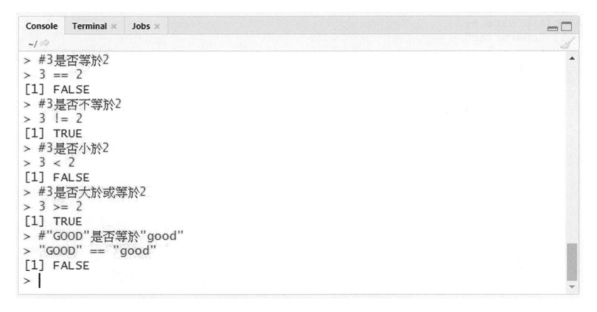

```
Console    Terminal ×    Jobs ×
~/
> F <- "not recommend"
> b <- F
> class(b)
[1] "character"
> |
```

　　此外，logical 常因兩個數字或字元的比較而產生。

■ 範例 2-5

```
Console    Terminal ×    Jobs ×
~/
> #3是否等於2
> 3 == 2
[1] FALSE
> #3是否不等於2
> 3 != 2
[1] TRUE
> #3是否小於2
> 3 < 2
[1] FALSE
> #3是否大於或等於2
> 3 >= 2
[1] TRUE
> #"GOOD"是否等於"good"
> "GOOD" == "good"
[1] FALSE
> |
```

　　如範例 2-5，井號（#）開始到該行結束，其之間的文字為註解，而非程式碼，這裡用於說明下一行程式碼的功用。

2-2-4　日期：Date

關於處理日期與時間的資料，R 語言常用內建函數 as.Date、as.POSIXlt 與 as.POSIXct，主要將字符轉換成時間資料型態。Date 只能儲存年、月、日、星期等資料，POSIX 則可以儲存年、月、日、時、分、秒、時區、星期等資料，也就是儲存時間的資料量不同。在資料探勘中，大多只記錄文件的年、月、日等資料，使用函數 as.Date 即可。

■ 範例 2-6

```
Console   Terminal ×   Jobs ×                                    □
~/
> date_A <-  "2019-12-25"
> date_A
[1] "2019-12-25"
> class(date_A)
[1] "character"
> date_A + 7
Error in date_A + 7 : 二元運算子中有非數值引數
> date_B <- as.Date("2019-12-25")
> date_B
[1] "2019-12-25"
> class(date_B)
[1] "Date"
> date_B + 7
[1] "2020-01-01"
> |
```

從上面範例發現，date_A 與 date_B 儲存的資料看似相同，但前者資料型態為 character，無法做加減運算，後者將 character 轉換為 Date 型態，即可輕易做時間相加減。此外，R 語言的 lubricate 套件，提供更方便的處理日期與時間資料的轉換。

2-2-5　向量：vector

R 語言的 vector（向量）與數學定義的向量不同，沒有所謂的行向量與列向量，只是單純將多筆相同資料型態的元素組合起來，形成 vector。在 R 語言中，常用指令 c( ) 來建立數值向量（numeric vector）或字符向量（character vector），並用函數 length 查看向量大小。

■ 範例 2-7

```
> vector_A <- c(1, 3, 5, 7, 9)
> vector_A
[1] 1 3 5 7 9
> length(vector_A)
[1] 5
> class(vector_A)
[1] "numeric"
> is.numeric(vector_A)
[1] TRUE
> is.vector(vector_A)
[1] TRUE
> vector_B <- c("Taichung", "Chiayi", "Yilan", "Kaohsiung")
> vector_B
[1] "Taichung"  "Chiayi"    "Yilan"     "Kaohsiung"
> length(vector_B)
[1] 4
> class(vector_B)
[1] "character"
> is.character(vector_B)
[1] TRUE
> is.vector(vector_B)
[1] TRUE
> |
```

從範例中發現，vector_A 是由五個數字型態的元素組成，用 class 查看資料型態為 numeric，且 is.vector 判斷為 vector 的資料結構，也就是數值向量；同理，vector_B 為字符向量。

運算子「:」可生成任意的連續整數，可藉此建立連續整數的數值向量。中括弧「[ ]」可查看向量中的元素，例如查看 vector x 第 2 元素，可輸入 x[2]，查看第 2、4 元素，可輸入 x[c(2 , 4)]，也可以搭配「：」查看連續元素。

```
Console   Terminal ×   Jobs ×
~/
> vector_C <- 2:10
> vector_C
[1]  2  3  4  5  6  7  8  9 10
> vector_C[5]
[1] 6
> vector_C[c(5,7)]
[1] 6 8
> vector_C[5:7]
[1] 6 7 8
>
```

數值向量也可以做加法、減法、乘法與除法的基本運算。

■ 範例 2-8

```
Console   Terminal ×   Jobs ×
~/
> math_num <- 3:-2
> math_num
[1]  3  2  1  0 -1 -2
> math_num + 5
[1] 8 7 6 5 4 3
> math_num - 2
[1]  1  0 -1 -2 -3 -4
> math_num * 3
[1]  9  6  3  0 -3 -6
> math_num / 5
[1]  0.6  0.4  0.2  0.0 -0.2 -0.4
> math_num ^ 2
[1] 9 4 1 0 1 4
>
```

兩個相同長度的數值向量，也可依位置進行運算，但遇到除以 0 時，會出現 Inf、-Inf 或 NaN（Not a Number）。

■ 範例 2-9

```
Console   Terminal ×   Jobs ×
~/
> num_A <- -2:2
> num_B <- c(0, 2, 0, -2, 0)
> num_A
[1] -2 -1  0  1  2
> num_B
[1]  0  2  0 -2  0
> num_A + num_B
[1] -2  1  0 -1  2
> num_A - num_B
[1] -2 -3  0  3  2
> num_A * num_B
[1]  0 -2  0 -2  0
> num_A / num_B
[1] -Inf -0.5  NaN -0.5  Inf
> |
```

　　建立 vector 時，或已建立的 vector 後，皆可為每個元素命名。如範例 2-10，建立變數 fruit 時就為每個元素命名，但變數 country 則是先建立 vector，再使用函數 names 為元素命名。

■ 範例 2-10

```
Console   Terminal ×   Jobs ×
~/
> fruit <- c(A = "apple", B = "banana", c = "cherry")
> fruit
       A        B        c
 "apple" "banana" "cherry"
> country <- c("Taiwan", "United States", "Japan", "Hong Kong")
> country
[1] "Taiwan"        "United States" "Japan"         "Hong Kong"
> names(country) <-c("TW", "US", "JP", "HK")
> country
           TW              US              JP              HK
     "Taiwan" "United States"         "Japan"     "Hong Kong"
> |
```

2-2-6　因子：factor vector

因子（factor）是特別的向量，利用轉換函數 as.factor，將 vector 轉換為 factor。

■ 範例 2-11

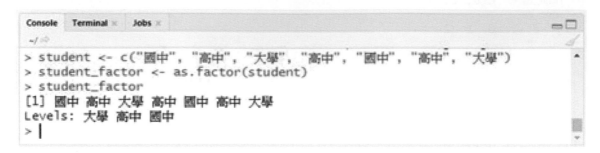

```
> student <- c("國中", "高中", "大學", "高中", "國中", "高中", "大學")
> student_factor <- as.factor(student)
> student_factor
[1] 國中 高中 大學 高中 國中 高中 大學
Levels: 大學 高中 國中
> |
```

從範例中發現，變數 student 為字符向量，有許多重複元素，轉換為 factor 後，多了類別屬性 levels，用來表示「類別變數」（category variable），並將這些字元表示成 integer，可透過 as.numeric 查看。

```
> as.numeric(student_factor)
[1] 3 2 1 2 3 2 1
> |
```

levels 的排序並不重要，但在特殊情況必須考慮排序問題，如教育水平依序為國小、國中、高中、大學等等，這時可透過參數 levels 來設定。

```
> factor(c("國中", "高中", "大學", "高中", "國中", "高中", "大學"), levels =
  c("國中", "高中", "大學"))
[1] 國中 高中 大學 高中 國中 高中 大學
Levels: 國中 高中 大學
> |
```

2-2-7　矩陣：matrix

矩陣（matrix）是二維陣列，每個元素必須是相同的資料型態，常見有 numeric 與 character 兩種。建立矩陣函數為 matrix，參數 nrow 設定列數，參數 ncol 設定行數，參數 byrow 設定資料以行或列排列。範例 2-12 示範如何建立矩陣。

■ 範例 2-12

```
> m_A <- matrix(data = 1:10, nrow = 2, ncol = 5, byrow = TRUE)
> m_A
     [,1] [,2] [,3] [,4] [,5]
[1,]    1    2    3    4    5
[2,]    6    7    8    9   10
> m_B <- matrix(data = 11:22, nrow = 3, ncol = 4, byrow = FALSE)
> m_B
     [,1] [,2] [,3] [,4]
[1,]   11   14   17   20
[2,]   12   15   18   21
[3,]   13   16   19   22
> |
```

也能以資料合併的方式建立矩陣，如範例 2-13。函數 rbind 透過 row 合併成矩陣 matrix_r、函數 cbind 透過 column 合併成矩陣 matrix_c。函數 nrow 與 ncol 查看矩陣的列數與行數，同時查看兩者則用函數 dim。此外，函數 t 可將矩陣轉置。

■ 範例 2-13

```
> data_A <-c("A", "B", "C", "D") ; data_a <- c("a", "b", "c", "d")
> matrix_r <- rbind(data_A, data_a)
> matrix_r
       [,1] [,2] [,3] [,4]
data_A "A"  "B"  "C"  "D"
data_a "a"  "b"  "c"  "d"
> matrix_c <- cbind(data_A, data_a)
> matrix_c
     data_A data_a
[1,] "A"    "a"
[2,] "B"    "b"
[3,] "C"    "c"
[4,] "D"    "d"
> nrow(matrix_c)
[1] 4
> ncol(matrix_c)
[1] 2
> dim(matrix_c)
[1] 4 2
> t(matrix_c)
       [,1] [,2] [,3] [,4]
data_A "A"  "B"  "C"  "D"
data_a "a"  "b"  "c"  "d"
> |
```

　　中括弧「[ ]」可查看或刪除矩陣元素。以下範例 2-14 為產生一筆矩陣資料，接下來在範例中則介紹如何查看及刪除其中元素。

■ 範例 2-14

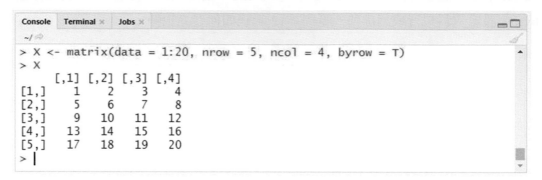

```
> X <- matrix(data = 1:20, nrow = 5, ncol = 4, byrow = T)
> X
     [,1] [,2] [,3] [,4]
[1,]    1    2    3    4
[2,]    5    6    7    8
[3,]    9   10   11   12
[4,]   13   14   15   16
[5,]   17   18   19   20
>
```

```
> #查看第二列元素
> X[2, ]
[1] 5 6 7 8
> #查看第三列元素
> X[ , 3]
[1]  3  7 11 15 19
> #查看第二~四列元素
> X[2:4, ]
     [,1] [,2] [,3] [,4]
[1,]    5    6    7    8
[2,]    9   10   11   12
[3,]   13   14   15   16
> #查看第二、四列元素
> X[c(2, 4), ]
     [,1] [,2] [,3] [,4]
[1,]    5    6    7    8
[2,]   13   14   15   16
> #刪除第二行元素
> X[ , -2]
     [,1] [,2] [,3]
[1,]    1    3    4
[2,]    5    7    8
[3,]    9   11   12
[4,]   13   15   16
[5,]   17   19   20
> #刪除第二、四行元素
> X[ , -c(2, 4)]
     [,1] [,2]
[1,]    1    3
[2,]    5    7
[3,]    9   11
[4,]   13   15
[5,]   17   19
>
```

以範例 2-14 的矩陣 X 爲例，使用函數 colnames 與 rownames 分別修改矩陣的行、列名稱。

```
Console   Terminal ×   Jobs ×
~/ 
> #修改矩陣行名
> colnames(X) <- c("c1", "c2", "c3", "c4")
> #修改矩陣列名
> rownames(X) <- c("r1", "r2", "r3", "r4", "r5")
> X
   c1 c2 c3 c4
r1  1  2  3  4
r2  5  6  7  8
r3  9 10 11 12
r4 13 14 15 16
r5 17 18 19 20
> |
```

2-2-8 資料框：data.frame 與 data.table

資料框（data.frame）與矩陣（matrix）皆爲二維資料結構，data.frame 可以在不同行儲存不同的資料型態，但其長度必須相同。

■ 範例 2-15

```
Console   Terminal ×   Jobs ×
~/ 
> id <- 1:8
> age <- c (22, 24, 27, 28, 30, 32, 33, 35)
> sex <- c("male", "female", "female", "male", "male", "female", "male", "female")
> name <- c("Aaron", "Bess", "Carol", "David", "Eric", "Faith", "Giles", "Helen")
> name_data <- data.frame(id, age, sex, name)
> name_data
  id age    sex  name
1  1  22   male Aaron
2  2  24 female  Bess
3  3  27 female Carol
4  4  28   male David
5  5  30   male  Eric
6  6  32 female Faith
7  7  33   male Giles
8  8  35 female Helen
> |
```

函數 str 列出 data.frame 的所有資料型態，以範例中的資料框 name_data 爲例，共有 8 筆資料與 4 個變數，變數資料型態見下圖，id 爲 integer，age 爲 numeric，sex 與 name 爲 factor。

```
> str(name_data)
'data.frame':   8 obs. of  4 variables:
 $ id  : int  1 2 3 4 5 6 7 8
 $ age : num  22 24 27 28 30 32 33 35
 $ sex : chr  "male" "female" "female" "male" ...
 $ name: chr  "Aaron" "Bess" "Carol" "David" ...
> |
```

　　函數 names 除了查看 data.frame 的變數名稱，也具有修改功能，如下圖將變數 sex 修改爲 gender。

```
> names(name_data)
[1] "id"   "age"  "sex"  "name"
> names(name_data)[3] <- "gender"
> name_data
  id age gender  name
1  1  22   male Aaron
2  2  24 female  Bess
3  3  27 female Carol
4  4  28   male David
5  5  30   male  Eric
6  6  32 female Faith
7  7  33   male Giles
8  8  35 female Helen
> |
```

　　與前面矩陣相同，中括弧 [ ] 也可查看或刪除資料框元素。接著延續本範例。

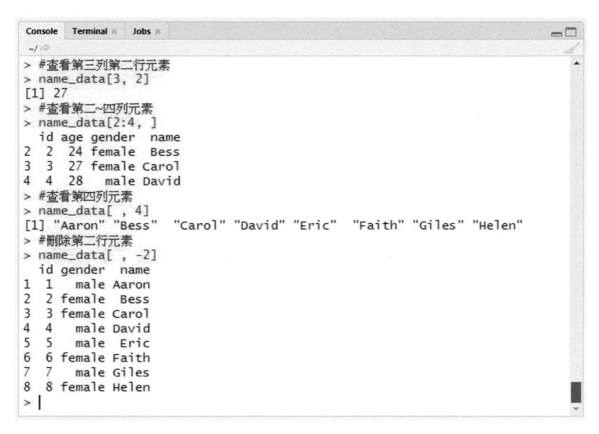

```
> #查看第三列第二行元素
> name_data[3, 2]
[1] 27
> #查看第二~四列元素
> name_data[2:4, ]
  id age gender  name
2  2  24 female  Bess
3  3  27 female Carol
4  4  28   male David
> #查看第四列元素
> name_data[ , 4]
[1] "Aaron" "Bess"  "Carol" "David" "Eric"  "Faith" "Giles" "Helen"
> #刪除第二行元素
> name_data[ , -2]
  id gender  name
1  1   male Aaron
2  2 female  Bess
3  3 female Carol
4  4   male David
5  5   male  Eric
6  6 female Faith
7  7   male Giles
8  8 female Helen
> |
```

若要查看資料框內的特定變數，可使用「$」符號，例如查看本範例資料框 name_data 的變數 name。

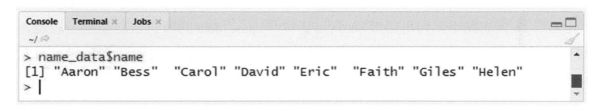

```
> name_data$name
[1] "Aaron" "Bess"  "Carol" "David" "Eric"  "Faith" "Giles" "Helen"
> |
```

當資料龐大時，函數 head 可以顯示前六筆資料，函數 tail 顯示後六筆資料，加入參數 n 指定顯示數量，如下圖。

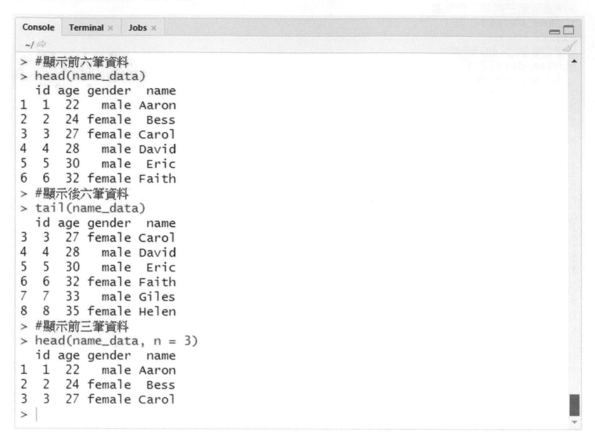

在 2-16 頁的圖中，利用函數 str 列出資料框 name_data 的所有資料型態，發現資料框內的變數 age 為 integer 型態，但卻顯示為 numeric 型態，在下圖中，利用函數 as.integer 與「$」符號進行修正。

```
> name_data$name <- as.character(name_data$name)
> str(name_data)
'data.frame':    8 obs. of  4 variables:
 $ id    : int  1 2 3 4 5 6 7 8
 $ age   : num  22 24 27 28 30 32 33 35
 $ gender: chr  "male" "female" "female" "male" ...
 $ name  : chr  "Aaron" "Bess" "Carol" "David" ...
> |
```

　　data.table 是 data.frame 的延伸，讀取的速度比較快，其餘與 data.frame 相似，使用前須安裝 data.table 套件，如範例 2-16。

■ 範例 2-16

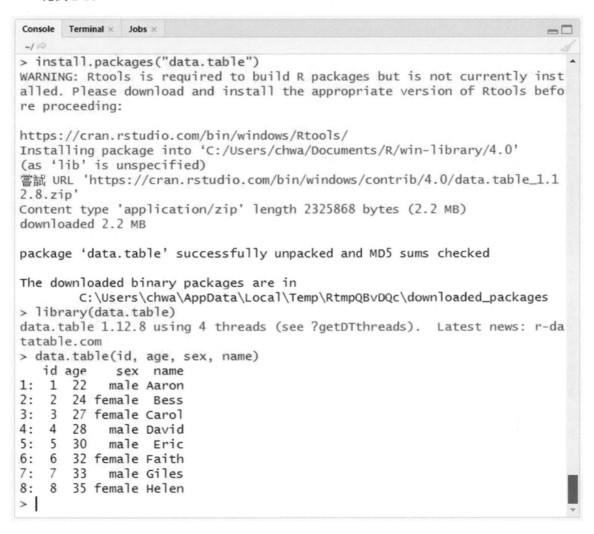

```
> install.packages("data.table")
WARNING: Rtools is required to build R packages but is not currently inst
alled. Please download and install the appropriate version of Rtools befo
re proceeding:

https://cran.rstudio.com/bin/windows/Rtools/
Installing package into 'C:/Users/chwa/Documents/R/win-library/4.0'
(as 'lib' is unspecified)
嘗試 URL 'https://cran.rstudio.com/bin/windows/contrib/4.0/data.table_1.1
2.8.zip'
Content type 'application/zip' length 2325868 bytes (2.2 MB)
downloaded 2.2 MB

package 'data.table' successfully unpacked and MD5 sums checked

The downloaded binary packages are in
        C:\Users\chwa\AppData\Local\Temp\RtmpQBvDQc\downloaded_packages
> library(data.table)
data.table 1.12.8 using 4 threads (see ?getDTthreads).  Latest news: r-da
tatable.com
> data.table(id, age, sex, name)
   id age    sex  name
1:  1  22   male Aaron
2:  2  24 female  Bess
3:  3  27 female Carol
4:  4  28   male David
5:  5  30   male  Eric
6:  6  32 female Faith
7:  7  33   male Giles
8:  8  35 female Helen
> |
```

2-2-9　列表：list

列表（list）可以儲存任何資料型態，包含數值、字符、向量、因子、矩陣與資料框等等，如範例 2-17，將數字向量、字符向量與資料框建立成列表 name_list，最後用函數 str 查看資料型態。

■ 範例 2-17

```
Console  Terminal ×  Jobs ×
~/
> id <- 1:8
> age <- c (22, 24, 27, 28, 30, 32, 33, 35)
> name <- c("Aaron", "Bess", "Carol", "David", "Eric", "Faith", "Giles", "Helen")
> name_data <- data.frame(id, age, name)
> name_list <- list(age, name, name_data)
> name_list
[[1]]
[1] 22 24 27 28 30 32 33 35

[[2]]
[1] "Aaron" "Bess"  "Carol" "David" "Eric"  "Faith" "Giles" "Helen"

[[3]]
  id age  name
1  1  22 Aaron
2  2  24  Bess
3  3  27 Carol
4  4  28 David
5  5  30  Eric
6  6  32 Faith
7  7  33 Giles
8  8  35 Helen

> str(name_list)
List of 3
 $ : num [1:8] 22 24 27 28 30 32 33 35
 $ : chr [1:8] "Aaron" "Bess" "Carol" "David" ...
 $ :'data.frame':       8 obs. of  3 variables:
  ..$ id  : int [1:8] 1 2 3 4 5 6 7 8
  ..$ age : num [1:8] 22 24 27 28 30 32 33 35
  ..$ name: chr [1:8] "Aaron" "Bess" "Carol" "David" ...
> |
```

範例中，函數 str 顯示列表 name_list 有數值、字符與資料框共三筆資料，但每筆資料沒有設定名稱。資料名稱可在建立列表時輸入，或使用函數 names 查詢或指派名稱，如下圖。

```
Console   Terminal ×   Jobs ×                                                    —□
~/ 
> #建立列表時,設定名稱
> list(年齡 = age, 姓名 = name, 資料 = name_data)
$年齡
[1] 22 24 27 28 30 32 33 35

$姓名
[1] "Aaron" "Bess"  "Carol" "David" "Eric"  "Faith" "Giles" "Helen"

$資料
  id age  name
1  1  22 Aaron
2  2  24  Bess
3  3  27 Carol
4  4  28 David
5  5  30  Eric
6  6  32 Faith
7  7  33 Giles
8  8  35 Helen

> #以name_list為例,先查詢資料名稱為NULL,代表建立列表時未設定,可再用函數names指派。
> names(name_list)
NULL
> names(name_list) <- c("年齡", "姓名", "資料")
> str(name_list)
List of 3
 $ 年齡: num [1:8] 22 24 27 28 30 32 33 35
 $ 姓名: chr [1:8] "Aaron" "Bess" "Carol" "David" ...
 $ 資料:'data.frame':    8 obs. of  3 variables:
  ..$ id  : int [1:8] 1 2 3 4 5 6 7 8
  ..$ age : num [1:8] 22 24 27 28 30 32 33 35
  ..$ name: chr [1:8] "Aaron" "Bess" "Carol" "David" ...
> |
```

在本章前面的內容曾使用中括弧「[ ]」查看或刪除資料的元素,但列表有些微不同。中括弧「[ ]」與雙中括號「[[ ]]」皆可查看列表資料,但前者顯示資料名稱與內容,後者則只查看內容。

```
Console   Terminal ×   Jobs ×                                                    —□
~/ 
> name_list[2]
$姓名
[1] "Aaron" "Bess"  "Carol" "David" "Eric"  "Faith" "Giles" "Helen"

> name_list[[2]]
[1] "Aaron" "Bess"  "Carol" "David" "Eric"  "Faith" "Giles" "Helen"
> |
```

　　若想要取得列表 name_list 中第五筆資料的姓名，先指定列表中的資料 names，再輸入位置。使用雙中括號與「$」符號指定資料，再用中括號指定位置。

```
Console  Terminal ×  Jobs ×                                    ▭▢
~/ ⇗
> name_list[[2]][5]
[1] "Eric"
> name_list$姓名[5]
[1] "Eric"
> |
```

2-3　缺失值

　　缺失值（missing data）顧名思義就是缺失的資料，R 語言通常使用 NA 來記錄，使用時會被視為一個元素，可用函數 is.na 來檢測。

■ 範例 2-18

```
Console  Terminal ×  Jobs ×                                    ▭▢
~/ ⇗
> n1 <- c("Aaron", "Bess", NA, "David", "Eric")
> n1
[1] "Aaron" "Bess"  NA      "David" "Eric"
> length(n1)
[1] 5
> is.na(n1)
[1] FALSE FALSE  TRUE FALSE FALSE
> |
```

　　NA 與 NULL 容易搞混，NULL 並非缺失值，不會被視為元素，而是根本不存在，若存在 vector 裡會自動消失，如下圖，變數 n2 指派的元素中存在 NULL，但卻無法顯示於變數中。

```
Console  Terminal ×  Jobs ×                                    ▭▢
~/ ⇗
> n2 <- c("Aaron", "Bess", NULL, "David", "Eric")
> n2
[1] "Aaron" "Bess"  "David" "Eric"
> length(n2)
[1] 4
> |
```

2-4　管線運算子

使用 magrittr 套件，即可用管線（Pipe）運算子處理資料流，常用 %>% 運算子，將左側的運算結果傳遞至右側函數的第一個參數，若右側參數沒有其餘參數，則可將小括號省略。

■ 範例 2-19

```
> library(magrittr)
> x <- 1:10
> mean(x)
[1] 5.5
> x %>% mean()
[1] 5.5
> x %>% mean
[1] 5.5
>
```

此外，若傳遞至右側函數的參數不是在第一個位置，也就是要改變參數位置時，可以用句點「.」來指定資料安插位置。

2-5　正規表達式（Regular expression）

　　正規表達式是文本探勘時重要的武器之一，使用單個字符來匹配符合某個規則的字符，常用於搜尋或取代符合某種規則的文字，常見的正規表達式整理如表 2-2。

表 2-2

正規表達式	意思
.	所有字符
\	將下一個字元標記為特殊字元
^	下一個字元標記為字符開始位置
$	上一個字元標記為字符結束位置
{a}	出現 a 次
{a,}	至少出現 a 次以上
{,b}	最多出現 b 次
{a,b}	最少出現 a 次，最多出現 b 次
?	未出現或出現一次，相當於 {0,1}
*	未出現或出現多次，相當於 {0,}
+	出現一次或多次，相當於 {1,}
[0-9]	整數
[A-Z]	大寫英文字母
[a-z]	小寫英文字母
[xyz]	字元集合，匹配所包含的任意一個字元，例如：[xyz] 可匹配 expression 的 "x"，也可匹配 friday 的 "y"。
[:punct:]	標點符號
[:space:]	空白字元

2-6 基本字符串函數

2-6-1 計算字符數：函數 nchar

在 2.2 節的「資料型態與資料結構」單元中，曾介紹函數 length 可計算資料大小，也就是計算字符向量的長度，而函數 nchar 可以更進一步計算出字符長度。

■ 範例 2-20

```
Console   Terminal ×   Jobs ×
~/
> text_A <- c("Taichung", "Chiayi", "Yilan", "Kaohsiung")
> text_A
[1] "Taichung"  "Chiayi"    "Yilan"     "Kaohsiung"
> length(text_A)
[1] 4
> nchar(text_A)
[1] 8 6 5 9
> |
```

2-6-2 字符串提取：函數 substr

函數 substr 用於提取字符串，參數 start 與 stop 分別設定開始與結束的位置。下圖示範提取字符向量 text_A 中，各元素第 2~5 字符。

```
Console   Terminal ×   Jobs ×
~/
> text_A
[1] "Taichung"  "Chiayi"    "Yilan"     "Kaohsiung"
> substr(text_A, start = 2, stop = 5)
[1] "aich" "hiay" "ilan" "aohs"
> |
```

2-6-3 英文大小寫：函數 tolower、toupper 與 casefold

函數 toupper 可將英文字轉換成大寫，而函數 tolower 則是轉換成小寫。

```
Console   Terminal ×   Jobs ×
~/
> text_A
[1] "Taichung"  "Chiayi"    "Yilan"     "Kaohsiung"
> toupper(text_A)
[1] "TAICHUNG"  "CHIAYI"    "YILAN"     "KAOHSIUNG"
> tolower(text_A)
[1] "taichung"  "chiayi"    "yilan"     "kaohsiung"
> |
```

函數 casefold 也能以參數 upper 自由轉換英文大小寫。

```
Console  Terminal ×  Jobs ×                                              ─□
~/ ⇱
> casefold(text_A, upper = TRUE)
[1] "TAICHUNG"  "CHIAYI"    "YILAN"      "KAOHSIUNG"
> casefold(text_A, upper = FALSE)
[1] "taichung"  "chiayi"    "yilan"      "kaohsiung"
> |
```

2-6-4　連接字符：函數 paste 與 paste0

函數 paste 與 paste0 將多個字符連接成一個字符，但之間有些微差異。

■ 範例 2-21

```
Console  Terminal ×  Jobs ×                                              ─□
~/ ⇱
> TW_A <- "台北"; TW_B <- "台中"; TW_C <- "台南"; TW_D <-"台東"
> paste(TW_A, TW_B, TW_C, TW_D)
[1] "台北 台中 台南 台東"
> paste0(TW_A, TW_B, TW_C, TW_D)
[1] "台北台中台南台東"
> |
```

從範例中發現，函數 paste 做字符連接時，字符之間會預設一格空白，但函數 paste0 則是將字符緊密連接在一起。函數 paste 若搭配參數 sep，也可以達到與 paste0 相同效果，甚至可以自訂分隔符號。

```
Console  Terminal ×  Jobs ×                                              ─□
~/ ⇱
> #字符間緊密連接，與函數paste0效果相同
> paste(TW_A, TW_B, TW_C, TW_D, sep ="")
[1] "台北台中台南台東"
> #字符間以頓號做分隔符號
> paste(TW_A, TW_B, TW_C, TW_D, sep ="、")
[1] "台北、台中、台南、台東"
> |
```

試著將字符向量做連接，把 TW_A~ TW_D 做數字編號，注意標號錯誤。

```
Console  Terminal ×  Jobs ×
~/
> #前面數字向量長度為3，後面字符向量長度為4，則短的向量會重複使用，造成編號錯誤
> paste(1:3, c(TW_A, TW_B, TW_C, TW_D), sep = ".")
[1] "1.台北" "2.台中" "3.台南" "1.台東"
> #若前後向量長度相等，才可完成正確編號
> paste(1:4, c(TW_A, TW_B, TW_C, TW_D), sep = ".")
[1] "1.台北" "2.台中" "3.台南" "4.台東"
>
```

將字符向量做連接後，變成 4 個字符串。若想進一步再將其連接成一個字符，並使用頓號（、）做分隔，就需要參數 collapse。

```
Console  Terminal ×  Jobs ×
~/
> paste(1:4, c(TW_A, TW_B, TW_C, TW_D), sep = ".", collapse = "、")
[1] "1.台北、2.台中、3.台南、4.台東"
>
```

2-6-5　分割字符：函數 strsplit

函數 strsplit 用於字符切割，參數 split 用於設定分割符號，例如「台北、台中、台南、台東」以頓號（、）做切割。

■ 範例 2-22

```
Console  Terminal ×  Jobs ×
~/
> TW_E <- "台北、台中、台南、台東"
> TW_word_A <- strsplit(TW_E, split = "、")
> TW_word_A
[[1]]
[1] "台北" "台中" "台南" "台東"

> class(TW_word_A)
[1] "list"
>
```

從範例中發現，原本 TW_E 為一個字符，函數 strsplit 順利以頓號切割成四個字符，但卻成為列表（list）的資料結構，若要將其轉換成字符向量，可以用函數 unlist 去除列表結構。去除列表結構後，恢復成 character 型態。

```
Console   Terminal ×   Jobs ×                                                    ─□
~/ ⇙
> TW_word_B <- unlist(TW_word_A)
> TW_word_B
[1] "台北" "台中" "台南" "台東"
> class(TW_word_B)
[1] "character"
> |
```

此外，若需要切割成單一個字，可將參數 split 設定爲空白。

```
Console   Terminal ×   Jobs ×                                                    ─□
~/ ⇙
> strsplit(TW_E, split = "")
[[1]]
 [1] "台" "北" " " "、" " " "台" "中" " " "、" " " "台" "南" " " "、" " " "台" "東"

> |
```

2-6-6　尋找字符：函數 grep 與 grepl

函數 grep 與 grepl 皆可用於尋找文字，但尋找結果的呈現有些微不同。

■ 範例 2-23

```
Console   Terminal ×   Jobs ×                                                    ─□
~/ ⇙
> brand <- c("adidas", "IKEA", "Canon", "Lego", "Pepsi", "Amazon", "ASO")
> brand
[1] "adidas" "IKEA"   "Canon"  "Lego"   "Pepsi"  "Amazon" "ASO"
> grep(pattern = "a", brand)
[1] 1 3 6
> grepl(pattern = "a", brand)
[1]  TRUE FALSE  TRUE FALSE FALSE  TRUE FALSE
> |
```

函數 grep 是以位置來呈現，如範例，向量 brand 在 1、3、6 位置的元素出現「a」。函數 grepl 則是邏輯判斷，判斷是否有找到文字，顯示 TRUE 或 FALSE。此外，輸入小寫「a」並不會尋找大寫「A」，若需要找「A」與「a」的單字，可先用函數 tolower、toupper 或 casefold 做大小寫轉換。

```
> tolower(brand)
[1] "adidas" "ikea"   "canon" "lego"   "pepsi"  "amazon" "aso"
> grep(pattern = "a", tolower(brand))
[1] 1 2 3 6 7
> grepl(pattern = "a", tolower(brand))
[1]  TRUE  TRUE  TRUE FALSE FALSE  TRUE  TRUE
> |
```

找出有「a」的單字後，不管是函數 grep 或 grepl，皆可用中括號「[ ]」直接呈現該
單字。

```
> brand [grep(pattern = "a", tolower(brand))]
[1] "adidas" "IKEA"    "Canon"  "Amazon" "ASO"
> brand [grepl(pattern = "a", tolower(brand))]
[1] "adidas" "IKEA"    "Canon"  "Amazon" "ASO"
> |
```

若想在向量 brand 中找多個字母，或是找出現大寫英文的元素，可使用正規表達式
來完成。

```
> #找i與n
> brand[grepl(pattern = "[in]", tolower(brand))]
[1] "adidas" "IKEA"    "Canon"  "Pepsi"  "Amazon"
>
> #找大寫英文
> brand[grepl(pattern = "[A-Z]", brand)]
[1] "IKEA"   "Canon"  "Lego"   "Pepsi"  "Amazon" "ASO"
> |
```

2-6-7　替換字符：函數 sub、gsub 與 chartr

函數 sub 與 gsub 兩者類似，但替換的結果有極大的不同。

■ 範例 2-24

```
Console   Terminal ×   Jobs ×
~/ ≈
> fruit_A <- c("apple", "banana", "cherry", "durian", "grape", "lemon")
> fruit_A
[1] "apple"  "banana" "cherry" "durian" "grape"  "lemon"
> sub(pattern = "a", replacement = "_", fruit_A)
[1] "_pple"  "b_nana" "cherry" "duri_n" "gr_pe"  "lemon"
> gsub(pattern = "a", replacement = "_", fruit_A)
[1] "_pple"  "b_n_n_" "cherry" "duri_n" "gr_pe"  "lemon"
> |
```

觀察範例 2-24，將向量 fruit_A 裡的元素「a」替換成符號「_」，函數 sub 與 gsub 在「banana」的替換結果不同，函數 sub 只替換一次，但函數 gsub 會替換所有滿足條件。

函數 chartr 與上面兩個替換函數不同，是屬於一對一的替換，參數 old 與參數 new 是一對一，長度相同。下圖示範如何將「a」替換成「A」，將「b」替換成「B」，將「c」替換成「C」。

```
Console   Terminal ×   Jobs ×
~/ ≈
> chartr(old = "abc", new = "ABC", fruit_A)
[1] "Apple"  "BAnAnA" "Cherry" "duriAn" "grApe"  "lemon"
> |
```

2-7 stringr 套件

stringr 套件專門用於處理字符串，開發多種函數方便使用者處理字符串，通常以 str_ 開頭來命名，讓使用者可以很直覺地瞭解函數的定義。接下來，先安裝並載入 stringr 套件，學習基本字符串函數對應到的 stringr 套件。

```
> install.packages("stringr")
> library(stringr)
```

2-7-1 計算字符數：函數 str_length

函數 str_length 與函數 nchar 相同，用於計算字符向量中的字符長度。

■ 範例 2-25

```
Console   Terminal ×   Jobs ×
~/
> text_A <- c("Taichung", "Chiayi", "Yilan", "Kaohsiung")
> text_A
[1] "Taichung"   "Chiayi"     "Yilan"       "Kaohsiung"
> nchar(text_A)
[1] 8 6 5 9
> str_length(text_A)
[1] 8 6 5 9
> |
```

2-7-2 字符串提取：函數 str_sub

函數 str_sub 與函數 substr 皆用於提取字符串，但函數 str_sub 使用參數 start 與 end 設定開始與結束的位置，且可擷取多段字符串。

■ 範例 2-26

```
Console   Terminal ×   Jobs ×
~/
> text_B <- "R is a free software environment for statistical computing and graphi
cs"
> text_B
[1] "R is a free software environment for statistical computing and graphics"
> #提取8~32的字母
> str_sub(text_B, start = 8, end = 32)
[1] "free software environment"
> #提取多段字符(8~32與38~71)
> str_sub(text_B, start = c(8, 38), end = c(32, 71))
[1] "free software environment"        "statistical computing and graphics"
>
```

2-7-3　英文大小寫：函數 str_to_upper、str_to_lower 與 str_to_title

函數 str_to_upper 用於將英文字轉換成大寫，函數 str_to_lower 則是轉換成小寫，函數 str_to_title 只將首字英文轉換成大寫。

■ 範例 2-27

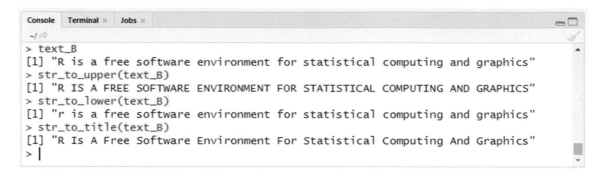

```
> text_B
[1] "R is a free software environment for statistical computing and graphics"
> str_to_upper(text_B)
[1] "R IS A FREE SOFTWARE ENVIRONMENT FOR STATISTICAL COMPUTING AND GRAPHICS"
> str_to_lower(text_B)
[1] "r is a free software environment for statistical computing and graphics"
> str_to_title(text_B)
[1] "R Is A Free Software Environment For Statistical Computing And Graphics"
>
```

2-7-4　連接字符：函數 str_c

函數 str_c 與函數 paste 類似，使用參數 sep 與 collapse 設定分隔符號，但前者連接多個字符預設分隔符號為空白，後者則為空格，其餘大同小異。

■ 範例 2-28

```
> TW_A <- "台北"; TW_B <- "台中"; TW_C <- "台南"; TW_D <- "台東"
> paste (TW_A, TW_B, TW_C, TW_D)
[1] "台北 台中 台南 台東"
> str_c(TW_A, TW_B, TW_C, TW_D)
[1] "台北台中台南台東"
> str_c(1:4, c(TW_A, TW_B, TW_C, TW_D), sep = ".", collapse = "、")
[1] "1.台北、2.台中、3.台南、4.台東"
>
```

2-7-5　分割字符：函數 str_split 與 str_split_fixed

函數 str_split 與函數 strsplit 類似，但前者用參數 pattern 設定分割符號，範例 2-29 將「台北、台中、台南、台東」以頓號（、）做切割。

■ 範例 2-29

```
Console  Terminal ×  Jobs ×                                              ─□
~/ 
> TW_E <- "台北、台中、台南、台東"
> TW_word_C <- str_split(TW_E, pattern = "、")
> TW_word_C
[[1]]
[1] "台北" "台中" "台南" "台東"

> class(TW_word_C)
[1] "list"
> |
```

函數 str_split 可用參數 n 設定分割的個數。

```
Console  Terminal ×  Jobs ×                                              ─□
~/ 
> str_split(TW_E, pattern = "、", n = 2)
[[1]]
[1] "台北"              "台中、台南、台東"

> str_split(TW_E, pattern = "、", n = 3)
[[1]]
[1] "台北"        "台中"        "台南、台東"

> str_split(TW_E, pattern = "、", n = 4)
[[1]]
[1] "台北" "台中" "台南" "台東"

> |
```

函數 str_split 與函數 strsplit 切割後皆為 list 資料結構，雖說函數 str_split_fixed 也是用於切割字符，但切割後會以 matrix 資料結構呈現。

```
Console  Terminal ×  Jobs ×                                              ─□
~/ 
> TW_word_D <- str_split_fixed(TW_E, pattern = "、", n = 3)
> TW_word_D
     [,1]   [,2]   [,3]
[1,] "台北" "台中" "台南、台東"
> class(TW_word_D)
[1] "matrix" "array"
> dim(TW_word_D)
[1] 1 3
> |
```

2-7-6　尋找字符：函數 str_detect 與 str_subset

　　函數 str_detect 與函數 grepl 皆用於判斷是否有找到指定文字，顯示 TRUE 或 FALSE，用中括號「[ ]」顯示搜尋到的文字。

■ 範例 2-30

```
> fruit_B <- c("tomato", "coconut", "cherry", "sunkist", "lemon", "tangerine")
> str_detect(pattern = "t", fruit_B)
[1]  TRUE  TRUE FALSE  TRUE FALSE  TRUE
> fruit_B[str_detect(pattern = "t", fruit_B)]
[1] "tomato"    "coconut"    "sunkist"    "tangerine"
> |
```

　　不論是基本字符串函數 grep、grepl，以及 stringr 套件的函數 str_detect，皆需要配合中括號「[ ]」才可呈現單字，但函數 str_subset 可直接呈現單字。

```
> str_subset(pattern = "t", fruit_B)
[1] "tomato"    "coconut"    "sunkist"    "tangerine"
> |
```

　　此外，搭配正規表達式來尋找指定文字在開頭或結尾。

```
> #指定文字在開頭
> str_subset(pattern = "^t", fruit_B)
[1] "tomato"    "tangerine"
> #指定文字在結尾
> str_subset(pattern = "t$", fruit_B)
[1] "coconut" "sunkist"
> |
```

2-7-7 替換字符：函數 str_replace、str_replace_all 與 str_replace_na

函數 str_replace 與函數 sub 類似，只能替換首次出現的字符。

■ 範例 2-31

```
Console   Terminal ×   Jobs ×
~/
> fruit_A <- c("apple", "banana", "cherry", "durian", "grape", "lemon")
> fruit_A
[1] "apple"  "banana" "cherry" "durian" "grape"  "lemon"
> str_replace(fruit_A, pattern = "a", replacement = "_")
[1] "_pple"  "b_nana" "cherry" "duri_n" "gr_pe"  "lemon"
>
```

函數 str_replace_all 與 gsub 類似，替換所有滿足條件的字符。

```
Console   Terminal ×   Jobs ×
~/
> str_replace_all(fruit_A, pattern = "a", replacement = "_")
[1] "_pple"  "b_n_n_" "cherry" "duri_n" "gr_pe"  "lemon"
>
```

函數 str_replace_na 是專門用於替換缺失值 NA，將其替換成其他字符。

```
Console   Terminal ×   Jobs ×
~/
> fruit_NA <- c("apple", NA, "cherry", "durian", NA)
> fruit_NA
[1] "apple"  NA       "cherry" "durian" NA
> str_replace_na(fruit_NA, replacement = "XXX")
[1] "apple"  "XXX"    "cherry" "durian" "XXX"
>
```

以上所介紹函數是 stringr 套件在文本探勘中較常使用的，還有其他實用函數可參考 https://cran.r-project.org/web/packages/stringr/stringr.pdf 之參考手冊，有更加詳細介紹。

2-8　資料的讀取與匯出

2-8-1　文字檔（txt）

　　若要將 R 語言內的資料匯出成純文字檔（txt 檔案），可用函數 write.table，由以下參數做輸出設定：

1. file：匯出的路徑。

2. append：遇到檔名相同時，是否覆蓋檔案（預設為 FALSE）。

3. quote：字串是否用雙引號（預設為 TRUE）。

4. sep：分隔符號（預設為空白）。

5. eol：換行符號（預設為 \n）。

6. na：表示缺失值的字符（預設為 NA）。

7. row.names：是否輸出欄名（預設為 TRUE）。

8. col.name：是否輸出列名（預設為 TRUE）。

9. fileEncoding：設定文字編碼。

　　範例 2-32 以 R 內建的鳶尾花資料庫（iris）為例，先顯示前六筆資料，查看資料型態，再將其匯出成文字檔。匯出的路徑可自由選擇，或是直接匯出至預設路徑，其匯出結果如圖 2-2，文字編碼為 UTF-8。

■ 範例 2-32

```
Console  Terminal ×  Jobs ×
~/
> #顯示R內建鳶尾花（iris）資料庫的前六筆資料
> head(iris)
  Sepal.Length Sepal.Width Petal.Length Petal.Width Species
1          5.1         3.5          1.4         0.2  setosa
2          4.9         3.0          1.4         0.2  setosa
3          4.7         3.2          1.3         0.2  setosa
4          4.6         3.1          1.5         0.2  setosa
5          5.0         3.6          1.4         0.2  setosa
6          5.4         3.9          1.7         0.4  setosa
> class(iris)
[1] "data.frame"
> #若參數file只輸入檔名iris.txt，則匯出到R語言工作資料夾
> write.table(iris, file = "iris.txt", sep = ",", row.names = FALSE, col.names = T
RUE)
> #顯示R語言工作資料夾（匯出的預設路徑）
> getwd()
[1] "C:/Users/chwa/Documents"
> #匯出到指定資料夾，參數file直接輸入完整路徑、檔名與檔案格式
> write.table(iris, file = "D:/iris.txt", sep = ",", row.names = FALSE, col.names
 = TRUE)
> |
```

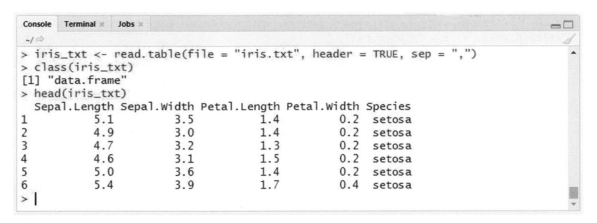

圖 2-2

　　範例中已將 iris 資料庫匯出至預設目錄，若要將檔案讀取至 R，可嘗試使用函數 read.table，設定以下參數：

1. file：檔案路徑。

2. header：資料開頭是否有變數名稱（預設為 FALSE）。

3. sep：分隔符號（預設為空白）。

4. encoding：設定文字編碼。

```
Console  Terminal ×  Jobs ×
~/ 
> iris_txt <- read.table(file = "iris.txt", header = TRUE, sep = ",")
> class(iris_txt)
[1] "data.frame"
> head(iris_txt)
  Sepal.Length Sepal.Width Petal.Length Petal.Width Species
1          5.1         3.5          1.4         0.2  setosa
2          4.9         3.0          1.4         0.2  setosa
3          4.7         3.2          1.3         0.2  setosa
4          4.6         3.1          1.5         0.2  setosa
5          5.0         3.6          1.4         0.2  setosa
6          5.4         3.9          1.7         0.4  setosa
> |
```

也可點選RStudio介面右上角的「Import Dataset / From Text(base)...」，再選擇要讀取的txt檔案，如圖2-3，新視窗左方更改讀取設定（Name設定變數名稱）；右上方為txt檔案的內容；右下方為讀取自R的資料框內容，確認無誤後，點選「Import」就大功告成。

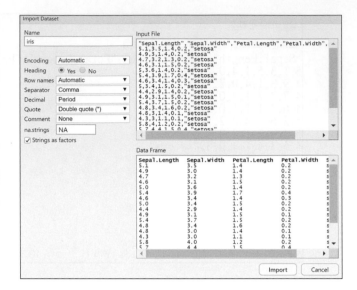

圖2-3

若字符（character）要在txt檔案讀取與匯出，除了使用前述的方法外，還可以用簡單的函數write進行匯出（如範例2-33，匯出至預設路徑，其結果如圖2-4），以及函數readLines讀取檔案。

■ 範例2-33

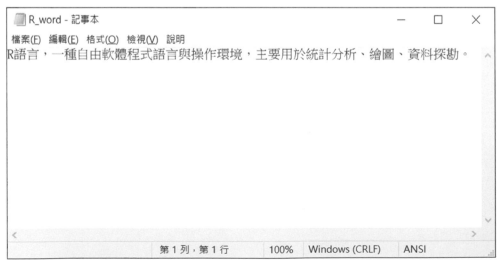

圖2-4

```
Console   Terminal ×   Jobs ×                                          _ □
~/ 
> #讀取範例2-72匯出的txt檔案
> readLines("R_word.txt")
[1] "R語言，一種自由軟體程式語言與操作環境，主要用於統計分析、繪圖、資料探勘。"
> |
```

2-8-2 表格（csv）

函數 write.csv 可將資料匯出成 csv 檔案，使用方式與 write.table 類似。以 R 內建的草類植物吸收二氧化碳資料庫（CO2）為例，將其輸出成 csv 檔案，匯出結果如圖 2-5。

■ 範例 2-34

```
Console   Terminal ×   Jobs ×                                          _ □
~/ 
> #匯出到預設路徑
> write.csv(iris, file = "CO2.csv", row.names = FALSE)
> #匯出到指定資料夾
> write.csv(iris, file = "D:/CO2.csv", row.names = FALSE)
> |
```

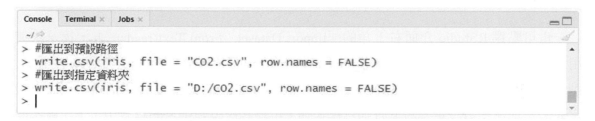

圖 2-5

範例中已將 iris 資料庫匯出至預設目錄，若要將其讀取至 R，則需要使用 readr 套件中的函數 read.csv 讀取，使用方式與 read.table 類似：

```
> CO2_csv <- read.csv(file = "CO2.csv")
> class(CO2_csv)
[1] "data.frame"
> #顯示前六筆資料
> head(CO2_csv)
  Sepal.Length Sepal.Width Petal.Length Petal.Width Species
1          5.1         3.5          1.4         0.2  setosa
2          4.9         3.0          1.4         0.2  setosa
3          4.7         3.2          1.3         0.2  setosa
4          4.6         3.1          1.5         0.2  setosa
5          5.0         3.6          1.4         0.2  setosa
6          5.4         3.9          1.7         0.4  setosa
>
```

也可點選 RStudio 介面右上角的「Import Dataset / From Text(readr)...」，第一次使用需要安裝 readr 套件，使用函數 read_csv 讀取 csv 檔案。新視窗最上方「File/URL」選擇要讀取檔案（點選「Browse...」）；中間「Data Preview」為資料預覽；左下方設定變數名稱與參數設定；右下方則為程式碼，可將其複製到撰寫的程式中，下次就不需要重複上述動作。

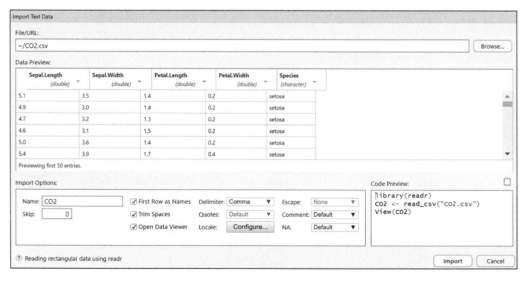

圖 2-6

此外，若資料匯出至預設路徑，在 RStudio 介面右下角 Files 的工作目錄中會出現此檔案。滑鼠左鍵點選此檔案，選擇「Import Dataset...」，跳出圖 2-6 的讀取 csv 檔案之介面，這也是讀取檔案的方法之一。

2-8-3 表格（xlsx）

xlsx 套件中，函數 write.xlsx2 將資料匯出成 xlsx 檔案，此函數參數如下：

1. file：匯出路徑。
2. sheetName：匯出的 sheet（工作表）名稱。
3. col.names：是否輸出欄名（預設為 TRUE）。
4. row.names：是否輸出列名（預設為 TRUE）。
5. append：是否附加到現有文件中（預設為 FALSE）。

以 R 內建的汽車測驗資料庫（mtcars）、櫻桃樹之資料庫（trees）、生育率和社會經濟指標之資料庫（swiss）為例，將三個資料庫分別輸出至同一個 xlsx 檔案，將工作表命名為 mtcars、trees 與 swiss，如範例 2-35，其匯出結果如圖 2-7。

■ 範例 2-35

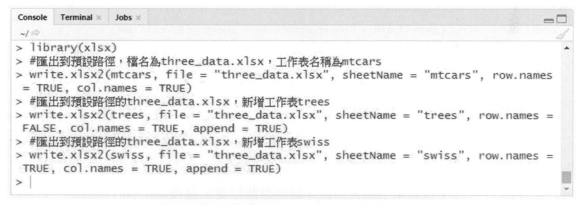

圖 2-7

範例 2-35 已將 mtcars、trees 與 swiss 資料庫匯出至預設目錄，若在 R 需要使用到這三筆數據，可使用 readr 套件中的函數 read_excel 讀取，如範例 2-36（由於資料較多，只提供程式碼，其讀取結果可自行輸入 mtcars_data、trees_data 與 swiss_data 查看），函數參數設定如下：

1. path：匯出檔案路徑。
2. sheet：設定讀取 xlsx 檔案工作表，輸入數字或名稱（預設爲第一個工作表）。
3. col_names：預設 TRUE 以第一行爲列名，FALSE 則爲編號 X1 至 Xn。
4. na：預設空白爲缺失值，若資料以其他字符爲缺失值，可在此參數設定。

■ 範例 2-36

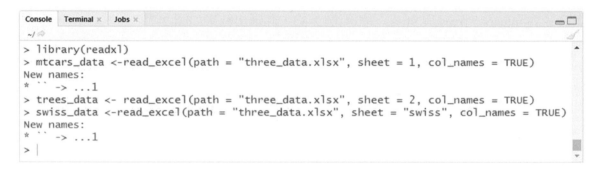

讀取後變數分別爲 mtcars_data、trees_data 與 swiss_data，可使用函數 head 查看前六筆資料，或是使用函數 View 開啓新介面查看。此外，除了直接輸入程式碼讀取 xlsx 檔案，也可以點選 RStudio 介面右上角的「Import Dataset / From Excel...」，或是從右下角 Files 的工作目錄中找到檔案後，滑鼠左鍵點選此檔案，選擇「Import Dataset...」，皆會出現讀取 Excel 的介面，如圖 2-8，其使用方式與讀取 csv 檔案類似。

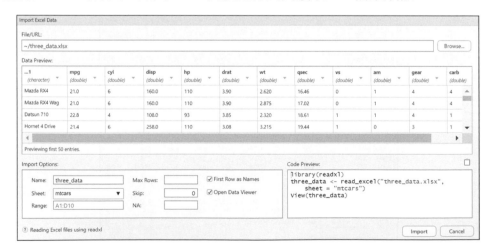

圖 2-8

安裝完 xlsx 套件後，可能在載入時會出現以下錯誤訊息。

```
> library(xlsx)
錯誤: package or namespace load failed for 'xlsx':
 .onLoad failed in loadNamespace() for 'rJava', details:
  call: fun(libname, pkgname)
  error: JAVA_HOME cannot be determined from the Registry
```

解決方法：先到 Java 官方網站下載 Java 軟體，下載前點選 Accept License Agreement。網址為 https://www.oracle.com/technetwork/java/javase/downloads/jdk8-downloads-2133151.html，其網頁頁面如圖 2-9。

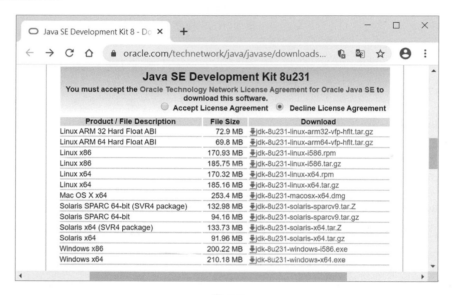

圖 2-9

2-8-4 R 物件（rds 與 Rdata）

一、單筆資料（rds）

匯出資料時，若資料後續還要在 R 語言繼續使用，建議匯出成 R 物件（rds 檔案），用此方式除了保存資料，也會同時保存 R 的特定訊息（資料的屬性、型態與結構等），且資料讀取更為快速。以 R 內建的地震資料庫（quakes）為例，利用函數 saveRDS 將其匯出成 RDS 檔案，如範例 2-37，其匯出 RDS 檔案如圖 2-10。

圖 2-10

■ 範例 2-37

```
Console   Terminal   Jobs
~/
> saveRDS(quakes, file = "quakes.rds")
> |
```

函數 readRDS 讀取 RDS 檔案；函數 identical 用於檢查兩筆資料是否相同。接下來，嘗試讀取匯出的 RDS 檔案，再比對原資料庫，會發現兩筆資料完全相同，包含資料屬性、型態與結構等。

```
Console   Terminal   Jobs
~/
> quakes_data <- readRDS("quakes.rds")
> identical(quakes, quakes_data)
[1] TRUE
> |
```

二、多筆資料（Rdata）

Rdata 檔案可以儲存多筆資料，以 R 內建的地震資料庫（quakes）與火炬松資料庫（Loblolly）為例，使用函數 save 輸出兩筆資料，如範例 2-38，其匯出 Rdata 檔案，如圖 2-11。

■ 範例 2-38

圖 2-11

要使用本範例所儲存的兩筆資料，函數 load 可讀取 Rdata 檔案，自動以儲存時的 quakes 與 Loblolly 為變數名稱。讀取後，可在 RStudio 介面的右上角 Environment 查看到兩筆資料，如圖 2-12。

圖 2-12

2-9　建立 R 函數

　　R 語言雖然提供許多套件與函數，為撰寫程式帶來便利性，但會發現我們常反覆使用同一段程式碼，不斷做複製與貼上，此時就可以創造新的函數 function，除了讓程式碼更好理解，日後的修改與維護也更為方便。

　　函數 function 有四個重要部分與用法：

1. 名稱（function_name）
2. 參數（arg_1、arg_2、arg_3…）
3. 運算式（expr_1、expr_2、expr_3…）
4. 回傳值（return_value）

```
function_name <- function ( arg_1, arg_2, arg_3,…) {
  expr_1
  expr_2
  expr_3
  …
  return( return_value )
}
```

　　其中，R 語言已預設函數 function 內的最後一行運算式為回傳值，但也可使用 return 回傳。

　　撰寫函數時，先寫出確定可以執行的程式碼，再將重複使用的部分設為參數（重複部分皆改成參數），讓程式碼更為簡潔，最後才建立新的函數 function。

　　以函數 mean 為例，平均數就是將數字向量加總除以其個數，也就是以函數 sum 計算加總，函數 length 計算個數，兩者相除。

■ 範例 2-39

```
> mean(1:10)
[1] 5.5
> sum(1:10) / length(1:10)
[1] 5.5
> |
```

　　若要自己撰寫計算平均數的新函數，可將「1:10」設為參數，再修改函數 function，兩者只有在回傳方式有所不同。

```
Console  Terminal ×  Jobs ×                                              —☐
~/ 
> #建立新函數my_mean_A，最後一行為回傳值
> my_mean_A <- function(num){
+     sum(num) / length(num)
+ }
> my_mean_A(7:22)
[1] 14.5
> |
```

```
Console  Terminal ×  Jobs ×                                              —☐
~/ 
> #建立新函數my_mean_B，以return回傳值
> my_mean_B <- function(num){
+     x <- sum(num) / length(num)
+     return(x)
+ }
> my_mean_B(7:22)
[1] 14.5
> |
```

函數 function 內使用的「<-」或「=」不會改變函數外部變數，只有「<<-」可以從函數內部改變外部的變數值，試著觀察以下的變數 a 與變數 b。

```
Console  Terminal ×  Jobs ×                                              —☐
~/ 
> a <- 1
> b <- 1
> test_function <- function(x){
+     a <- x
+     b <<- x
+     return(a)
+ }
> test_function(9)
[1] 9
> a
[1] 1
> b
[1] 9
> |
```

兩個變數 a 與 b 皆為 1，再建立函數 test_function，試著把變數 a、b 值改成 x，並回傳變數 a。執行 test_function (9) 後，回傳變數 a 值為 9，實際變數 a 值仍為 1，代表「<-」不會改變函數外部變數；但變數 b 值經過函數 test_function 變成 9，顯示「<<-」可以改變外部變數。

2-10　條件執行

　　R 語言的條件執行有 if-else 敘述、函數 ifelse 與函數 switch，邏輯判斷後傳回 TRUE 或 FALSE，若為 TRUE 滿足條件，執行某些動作；FALSE 則不執行。

　　基本條件判斷常使用大於（>）、小於（<）、等於（==）、大於等於（>=）、小於等於（<=）和不等於（!=）等符號進行判斷，另外，也可使用判斷資料型態之函數（is.numeric、is.character、is.vector 等）。當有兩個以上的條件時，可用符號「&」與「|」做邏輯判斷。

　　■ 範例 2-40

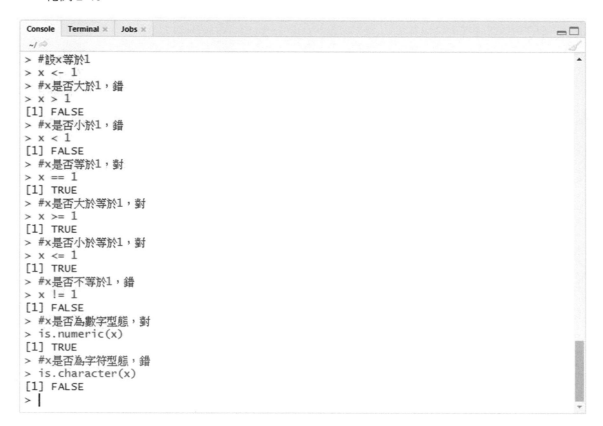

```
> #設x等於1
> x <- 1
> #x是否大於1，錯
> x > 1
[1] FALSE
> #x是否小於1，錯
> x < 1
[1] FALSE
> #x是否等於1，對
> x == 1
[1] TRUE
> #x是否大於等於1，對
> x >= 1
[1] TRUE
> #x是否小於等於1，對
> x <= 1
[1] TRUE
> #x是否不等於1，錯
> x != 1
[1] FALSE
> #x是否為數字型態，對
> is.numeric(x)
[1] TRUE
> #x是否為字符型態，錯
> is.character(x)
[1] FALSE
> |
```

2-10-1　if-else

　　if-else 敘述是常見的條件執行，若 condition 判斷式為 TRUE，則執行 { } 的運算式（expr_A、expr_B、expr_C…）；若為 FALSE，則跳到 else 執行後面 { } 的運算式（expr_a、expr_b、expr_c…），if-else 用法如下：

```
if ( condition ) {
  expr_A
  expr_B
  expr_C …
} else {
  expr_a
  expr_b
  expr_c …
}
```

範例 2-41 以考試成績為例，設定 if-else 敘述，當成績大於等於 60 分顯示「及格」，小於 60 分顯示「不及格」。

■ 範例 2-41

```
Console   Terminal ×   Jobs ×                                    ─□
~/
> #以59分為例
> score <- 59
> if (score >= 60){
+     print("及格")
+ }else{
+     print("不及格")
+ }
[1] "不及格"
>
```

也可再新增條件，若大於等於 90 分顯示「優秀」，此時需要多重條件判斷，如範例 2-42。

■ 範例 2-42

```
Console   Terminal ×   Jobs ×                                    ─□
~/
> #以91分為例
> score <- 91
> if (score >= 90){
+     print("優秀")
+ }else if(score >= 60){
+     print("及格")
+ }else{
+     print("不及格")
+ }
[1] "優秀"
>
```

完成考試成績判斷之程式碼，將範例中 if-else 敘述建立成函數 function，之後只要輸入成績即可查詢結果。

```
Console  Terminal ×  Jobs ×                                      ─□
~/ 
> #建立函數test_result
> test_result <- function(score){
+     if(score >= 90){
+         print("優秀")
+     }else if(score >= 60){
+         print("及格")
+     }else{
+         print("不及格")
+     }
+ }
> test_result(50)
[1] "不及格"
> test_result(70)
[1] "及格"
> test_result(95)
[1] "優秀"
> |
```

接著試著設計新的函數 function，輸入身高（公分）與體重（公斤），計算 BMI 值，判斷體重是否異常。BMI 值計算公式為體重（公斤）/ 身高^2（公尺^2），BMI 小於 18.5 為「體重過輕」、大於等於 18.5 且小於 24 為「體重正常」，大於等於 24 為「體重過重」。

■ 範例 2-43

```
Console  Terminal ×  Jobs ×                                      ─□
~/ 
> #建立函數BMI（函數round為四捨五入至小數點第n位）
> BMI <- function(cm, kg){
+     m <- cm / 100
+     BMI_value <- kg / m^2
+     if (BMI_value <=18.5){
+         print("體重過輕")
+     }else if (BMI_value >= 18.5 & BMI_value < 24){
+         print("體重正常")
+     }else{
+         print("體重過重")
+     }
+ return(round(BMI_value, 1))
+ }
> BMI(177, 58)
[1] "體重正常"
[1] 18.5
> BMI(158, 72)
[1] "體重過重"
[1] 28.8
> BMI(160, 40)
[1] "體重過輕"
[1] 15.6
> |
```

2-10-2 ifelse

函數 ifelse 是簡單的二元判斷，用最短的方式取代 if-else 敘述。當 condition 判斷式為 TRUE 時，執行 expr_A 運算式，FALSE 則執行 expr_a 運算式，ifelse 用法如下：

```
ifelse( condition , expr_A , expr_a )
```

範例 2-44 以考試成績為例，函數 ifelse 設定執行條件，當成績大於等於 60 分顯示「及格」，小於 60 分顯示「不及格」。

■ 範例 2-44

```
Console   Terminal    Jobs
~/
> score <- 59
> ifelse(score >= 60, "及格", "不及格")
[1] "不及格"
>
```

函數 ifelse 可以一次判斷多個元素，只要把判斷式向量化，即可達到此效果。

```
Console   Terminal    Jobs
~/
> score <- c(59, 60 , 52, 70, 65)
> ifelse(score >= 60, "及格", "不及格")
[1] "不及格" "及格"   "不及格" "及格"   "及格"
>
```

2-10-3 switch

若進行多重條件判斷時，if 配合 else 重複使用即可完成，但會顯得繁瑣，這時可使用函數 switch，其 condition 判斷式可為正整數或字符。若為正整數 n，則執行運算式 expr_n；若為字符，則執行相對應之運算式，switch 用法如下：

```
switch( condition ,
  expr_1 ,
  expr_2 ,
  expr_3 ,
  ...
)
```

範例2-45建立一個函數switch_fruit，輸入「A」顯示「apple」、「B」顯示「banana」、「C」顯示「cherry」，不在條件內則顯示「try other」。

■ 範例2-45

```
> switch_fruit <- function(x){
+     switch (x,
+         "A" = "apple",
+         "B" = "banana",
+         "C" = "cherry",
+         "try other"
+     )
+ }
> switch_fruit("A")
[1] "apple"
> switch_fruit("B")
[1] "banana"
> switch_fruit("C")
[1] "cherry"
> switch_fruit("D")
[1] "try other"
> switch_fruit("E")
[1] "try other"
> |
```

建立函數 switch_fruit 後，也可輸入正整數 n，代表執行對應的運算式 expr_n，此時運算式的名稱會完全被忽略。若輸入的 n 比運算式的數量還大，則不會回傳任何東西，如下圖最後的 switch_fruit(5)，因為只設定四個運算式，已經超出範圍，就不會執行運算式，顯示無結果。

```
> switch_fruit(1)
[1] "apple"
> switch_fruit(2)
[1] "banana"
> switch_fruit(3)
[1] "cherry"
> switch_fruit(4)
[1] "try other"
> switch_fruit(5)
> |
```

2-11　迴圈

　　R 程式的迴圈包含 for、while 與 repeat，可在迴圈內用 next 指令跳過運算式，進行下一個迴圈，或用 break 跳出迴圈。

2-11-1　for 迴圈

　　for 迴圈是最常用的迴圈，使用時需先建立逐一執行的向量（vector），可以是數字向量或字符向量。for 迴圈根據向量（vector）內的每一個元素，依照順序一次一個給變數（variable），每次皆會執行一次 { } 內的運算式（expr_1、expr_2、expr_3⋯），for 迴圈用法如下：

```
for ( variable in vector ) {
  expr_1,
  expr_2,
  expr_3,
  ...
}
```

　　範例 2-46 建立 1~5 的數字向量，配合函數 print，逐一顯示變數。

■ 範例 2-46

```
> for (i in 1:5) {
+     print(i)
+ }
[1] 1
[1] 2
[1] 3
[1] 4
[1] 5
> |
```

for 迴圈的向量（vector）也可以爲字符向量，如範例 2-47。

■ 範例 2-47

```
Console   Terminal    Jobs
~/
> fruit <- c("apple", "banana", "cherry", "grape", "lemon")
> for (i in fruit) {
+      print(i)
+ }
[1] "apple"
[1] "banana"
[1] "cherry"
[1] "grape"
[1] "lemon"
>
```

迴圈內，可以再搭配 if 與 next、break 指令，做出跳過部分迴圈或退出迴圈的效果。

■ 範例 2-48

```
Console   Terminal    Jobs
~/
> for (i in 1:10) {
+     if(i == 3){
+         next
+     }
+     if(i == 8){
+         break
+     }
+     print(i)
+ }
[1] 1
[1] 2
[1] 4
[1] 5
[1] 6
[1] 7
>
```

範例中發現原本 1~10 的數字向量，當變數 i 爲 3 時會執行 next 指令，跳過一次函數 print(i)，所以 3 不會被顯示出來，直接執行下一個變數 i 爲 4 的迴圈；而當變數 i 爲 8 時執行 break 指令，退出迴圈，使最後顯示結果停留在 7。

2-11-2　while 迴圈

R 語言的 while 迴圈較少使用，會先檢查是否滿足指定條件，若爲 TRUE 才會執行 { } 內的運算式（expr_1、expr_2、expr_3…），FALSE 則迴圈停止。while 迴圈用法如下：

```
while ( condition)  {
  expr_1,
  expr_2,
  expr_3,
  ...
}
```

範例 2-49 在變數 x 不等於 5 的條件下，從 0 開始每次增加 1，直到當變數 x 值為 5 時停止 while 迴圈。

■ 範例 2-49

```
Console   Terminal ×   Jobs ×
~/
> x <- 0
> while (x != 5){
+     x <- x+1
+     print(x)
+ }
[1] 1
[1] 2
[1] 3
[1] 4
[1] 5
>
```

此外，也可搭配 if 與 next、break 指令，完成跳過部分迴圈或退出迴圈。例如，變數 x 小於 10 的條件下，從 0 開始每次增加 1，當 x = 2 時跳過此次迴圈，x = 7 時則停止迴圈，讓執行結果為 1、3、4、5、6，其程式碼參考範例 2-50。

■ 範例 2-50

```
Console   Terminal ×   Jobs ×
~/
> x <- 0
> while (x < 10){
+     x <- x+1
+     if (x == 2) next
+     if (x == 7) break
+     print(x)
+ }
[1] 1
[1] 3
[1] 4
[1] 5
[1] 6
>
```

2-11-3　repeat 迴圈

　　R 語言的 repeat 迴圈是最簡單的迴圈結構，不需要判斷任何條件，程式會不斷重複執行運算式（expr_1、expr_2、expr_3⋯），所以會與 break 指令同時使用，因為這是停止 repeat 迴圈的唯一方法，否則迴圈不會停止。

```
repeat {
  expr_1,
  expr_2,
  expr_3,
  ...
}
```

　　範例 2-51 中，變數 x 從 0 開始每次增加 1，直到變數 x 值為 5 時停止迴圈。

■ 範例 2-51

```
Console   Terminal ×   Jobs ×
~/
> x <- 0
> repeat{
+     x <- x+1
+     print(x)
+     if (x == 5) break
+ }
[1] 1
[1] 2
[1] 3
[1] 4
[1] 5
>
```

2-12 apply 相關函數

在做資料分析時，常常需要將資料拆分成獨立群組，各群組經過某種運算後，再將所有群組整合起來。雖然可以用迴圈完成重複性操作，但迴圈執行效率較差。因此，R 語言提供執行效率較佳的 apply 之相關函數，如函數 apply、lapply、sapply 等內建函數。

2-12-1 函數 apply

函數 apply 依照指定函數（參數 FUN）對矩陣（matrix）進行行或列的循環運算（參數 MARGIN 為 1 表示列，2 表示行），其函數用法如下：

```
apply (X, MARGIN, FUN, …)
```

範例 2-52 先建立矩陣 data_matrix，利用函數 sum 計算每一列與每一行的數字之和。

■ 範例 2-52

```
> data_matrix <- matrix(data = 1:20, nrow = 4, ncol = 5)
> data_matrix
     [,1] [,2] [,3] [,4] [,5]
[1,]    1    5    9   13   17
[2,]    2    6   10   14   18
[3,]    3    7   11   15   19
[4,]    4    8   12   16   20
> #每一列的數字之和
> apply(data_matrix, 1, sum)
[1] 45 50 55 60
> #每一行的數字之和
> apply (data_matrix, 2, sum)
[1] 10 26 42 58 74
> |
```

2-12-2 函數 lapply 與 sapply

函數 lapply 與 sapply 皆用於對列表（list）內的每個元素進行指定函數（參數 FUN）運算，但所傳回的資料結構並不相同。函數 lapply 傳回的資料為列表結構，且與原列表大小相同；函數 sapply 則傳回向量結構。其函數用法如下：

```
lapply (X, FUN, …)
sapply (X, FUN, …)
```

範例 2-53 先建立列表 data_list，再個別使用函數 lapply 與 sapply 計算列表內每一個元素之和。

■ 範例 2-53

```
Console  Terminal ×  Jobs ×
~/
> data_list <- list (A = c(2, 7, 9), B = 1: 10, C = matrix(1:15, 3, 5))
> data_list
$A
[1] 2 7 9

$B
 [1]  1  2  3  4  5  6  7  8  9 10

$C
     [,1] [,2] [,3] [,4] [,5]
[1,]    1    4    7   10   13
[2,]    2    5    8   11   14
[3,]    3    6    9   12   15

> #函數lapply計算總和
> lapply_result <- lapply(data_list, sum)
> lapply_result
$A
[1] 18

$B
[1] 55

$C
[1] 120

> class(lapply_result)
[1] "list"
> #函數sapply計算總和
> sapply_result <- sapply(data_list, sum)
> sapply_result
  A   B   C
 18  55 120
> class(sapply_result)
[1] "numeric"
> is.vector(sapply_result)
[1] TRUE
> |
```

從範例發現，使用函數 lapply 傳回資料 lapply_result 為列表結構；而函數 sapply 傳回 sapply_result 為數字向量結構。

Chapter **3**

文本探勘

本章內容

3-1　文本探勘的基本概念

　　文本探勘（Text Mining）的基本定義為：從大量的文本數據中，透過統計技術，對其中隱藏的、過去未知的，以及潛在有用的資訊進行有意義的萃取。文本探勘是一項新興的研究技術，涉及各種數學、統計、語言和模式識別技術的發展。它試圖從自然語言文本（Natural Language Text）中提取有意義的資訊。它也可以定義為：為了某特定目的而對文本進行資料提取的分析過程。與傳統儲存在數據庫中的數據類型相比較，文本（text）是屬於非結構化、模糊並且較難處理的。然而，在現代文化脈絡中，文本卻是訊息傳遞中最常見的使用方式。由於進行文本探勘所涉及的對象通常是真實的文件或意見交流的文本，試圖從這樣的文本中自動提取資訊的過程，本身就已相當令人著迷。

3-2　套件介紹

3-2-1　tm 套件

　　tm 套件主要用於管理文件，其管理結構稱為語料庫（Corpus），通常是一個文件一個檔案，多個檔案構成一個語料庫，類似在 R 創建一個有多筆文件的資料夾，便於數據整理與分析，也提供「數據載入」、「數據清理」與「詞彙文檔矩陣」等。

　　語料庫又分為動態語料庫（Volatile Corpus）與靜態語料庫（Permanent Corpus）。動態語料庫使用函數為 VCorpus 或 Corpus，將語料庫儲存在 R 的內存空間，無法處理過於龐大的資料；靜態語料庫使用函數為 PCorpus，將語料庫儲存在 R 的外部空間，創建永久的語料庫。

　　做文本探勘時，使用動態語料庫即可，依照數據來源的不同，使用函數分成 DirSource（讀取資料目錄）、VectorSource（向量資料）與 DataframeSource（資料框資料），後續介紹以讀取資料目錄為主。

　　函數 getReaders 可查詢 tm 套件可讀取的文件格式，共有十種，如範例 3-1，但文件語言的不同，在處理上會有些微差異，稍後針對中、英文語料庫進行介紹。

■ 範例 3-1

tm 套件使用函數如下：

1. DirSource：讀取資料夾內的所有文件路徑。

2. Corpus：構成動態語料庫。

3. VCorpus：構成動態語料庫。

4. tm_map：用於語料庫清理。

5. stripWhitespace：清除空白字元（whitespace），包含 \t、\r、\n、\v、\f。

6. removeNumbers：清除數字。

7. removePunctuation：清除英文標點符號。

8. removeWords：清除文字。

9. stemDocument：詞幹提取。

10. content_transformer：定義新函數。

11. TermDocumentMatrix：詞彙文檔矩陣，以文件檔名為行，關鍵字為列。

12. DocumentTermMatrix：詞彙文檔矩陣，以關鍵字為行，文件檔名為列。

13. findFreqTerms：尋找出現特定次數的關鍵字。

14. removeSparseTerms：刪除出現頻率較低的關鍵字。

15. findAssocs：尋找關鍵字間的相關度。

3-2-2 tmcn 套件

tmcn 套件用於中文文本探勘，常使用的函數如下：

1. toTrad：轉換繁、簡體。

2. NTUSD：國立台灣大學語義詞典，可用於情感分析。

3. stopwordsCN：中文停用詞（簡體）。

其中，資料庫 stopwordsCN 為簡體中文停用詞，將其轉換成繁體，匯出成文字編碼為 UTF-8 的 txt 檔案，以便於後續新增停用詞。範例 3-2 先查看中文停用詞，發現為簡體字，需轉換成繁體，轉換前應使用 Encoding 確認文字編碼是否為 UTF-8，再使用函數 toTrad 轉換成繁體，最後函數 write.table 匯出檔案，其匯出的結果如圖 3-1。

■ 範例 3-2

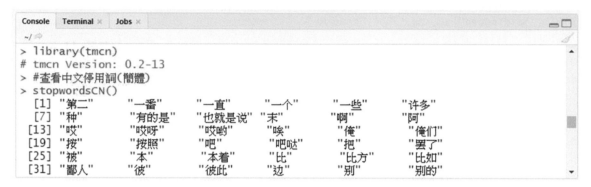

（只顯示部分內容）

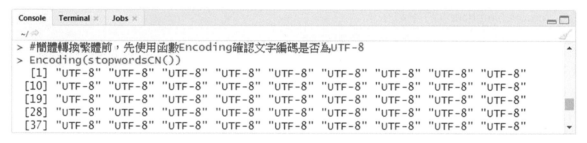

（只顯示部分內容）

```
Console  Terminal × Jobs ×                                          ─□
~/
> #確定文字編碼為UTF-8，使用函數toTrad轉換為繁體
> stopword <- toTrad(stopwordsCN(), rev = F)
> head(stopword, 30)
 [1] "第二"    "一番"    "一直"     "一個"     "一些"     "許多"
 [7] "種"      "有的是"  "也就是說" "末"       "啊"       "阿"
[13] "哎"      "哎呀"    "哎喲"     "唉"       "俺"       "俺們"
[19] "按"      "按照"    "吧"       "吧噠"     "把"       "罷了"
[25] "被"      "本"      "本著"     "比"       "比方"     "比如"
> #匯出檔案
> write.table(stopword,
+             file = "stopword_UTF-8.txt",
+             quote = FALSE,
+             row.names = FALSE,
+             col.names = FALSE,
+             fileEncoding = "UTF-8")
> |
```

圖 3-1

3-2-3 jiebaR 套件

jiebaR 套件用於中文斷詞，常使用的函數如下：

1. worker：建立斷詞工具
2. stop_word：自訂停用詞
3. symbol：保留標點符號
4. bylines：分行輸出
5. new_user_word：新增詞彙到已建立的斷詞工具
6. segment：進行斷詞

範例 3-3 中設定變數 pig 為《三隻小豬》故事的開頭，先建立斷詞引擎 cutword 再進行斷詞。斷詞方式分為兩種，觀察兩種方法的結果是否有差異。

■ 範例 3-3

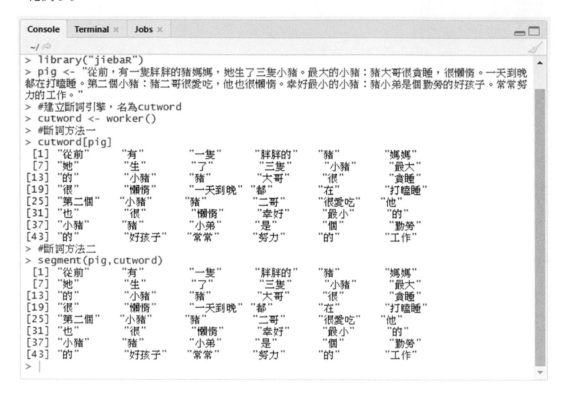

從範例 3-3 發現，兩種斷詞方式的結果皆相同，擇一使用即可。不過，有許多沒有特殊意義的詞（如：很、都、在、也、個……），將其刪除有利於文本分析，可在建立斷詞引擎 cutword 時指定停用詞庫，減少斷詞。

由於範例 3-2 已將 tmcn 套件中的資料庫 stopwordsCN 匯出至預設目錄，範例 3-4 將直接重新建立有停用詞詞庫的斷詞引擎，顯示修正後的斷詞結果。

■ 範例 3-4

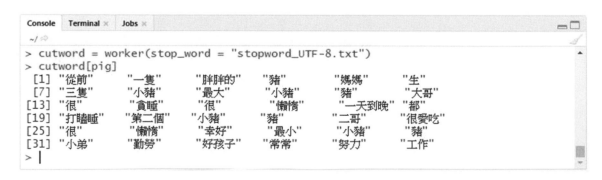

範例 3-4 已將多數的贅字清除，從原本 48 個詞減少至 36 個詞。但仍有些斷詞並不理想，這時需要新增字詞（如：名字、專有名詞、形容詞……），讓斷詞結果更加準確，如範例 3-5。

■ 範例 3-5

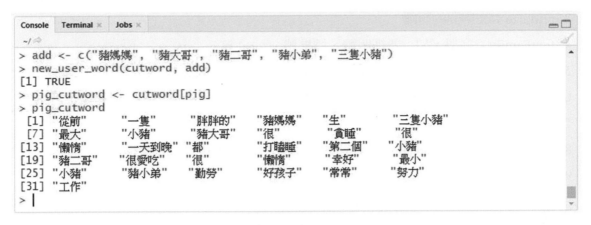

最後，還有字符數為 1 的字詞幾乎沒有特殊意義，先以函數 nchar 計算字符數，再用判斷式篩選出字符數大於 1 的字詞，即可完成斷詞如範例 3-6。

■ 範例 3-6

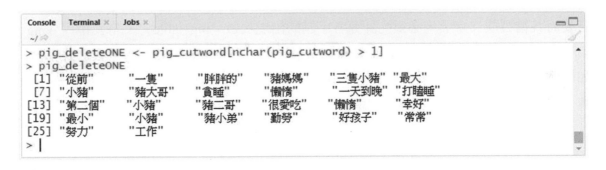

3-2-4　wordcloud2 套件

wordcloud2 套件用於繪製文字雲，以下參數可自行調整：

1. size：字體大小

2. minSize：最小的文字大小

3. gridSize：文字間的距離

4. fontFamily：字型，如：新細明體、標楷體、Arial 等

5. fontWeight：字體粗細，如：normal、bold、600

6. color：文字顏色色系，如：random-dark 和 random-light，也支援顏色向量

7. backgroundColor：背景顏色

8. minRotation 與 maxRotation：文字旋轉的最小與最大角度（弧度為單位）

9. rotateRatio：文字旋轉比例，設置為 1 則全部文字都會旋轉

10. shape：文字雲形狀，如：圓形 circle、星形 star、心形 cardioid、鑽石 diamond、五邊形 pentagon、三角形 triangle 與 triangle-forward

11. figPath：設置黑白圖片路徑，繪製出該圖片形狀的詞雲

12. letterCloud：自定義的文字形狀

在介紹 jiebaR 套件時，範例 3-6 中的變數 pig_deleteONE 已有初步的斷詞結果，若要將其繪製成文字雲，必須先計算各字詞的出現次數（pig_table），將其排序（pig_sort）後，轉換成資料框（pig_dataframe），最後再使用 wordcloud2 套件繪製成文字雲，如範例 3-7。若想查看文字雲準備工作中的計算結果，直接輸入變數 pig_table、pig_sort 與 pig_dataframe。此外，還有不同繪製文字雲的方法，將在 3-3 節英文語料庫中介紹。

■ 範例 3-7

```
> #製作文字雲前的準備工作
> #函數table，計算各字詞出現次數
> pig_table <- table(pig_deleteONE)
> #函數sort，排序次數（參數decreasing = T，從大至小）
> pig_sort <- sort(pig_table, decreasing = T)
> #函數data.frame，轉換成資料框
> pig_dataframe <- data.frame(pig_sort)
> #繪製文字雲
> library("wordcloud2")
> wordcloud2(pig_dataframe)
> |
```

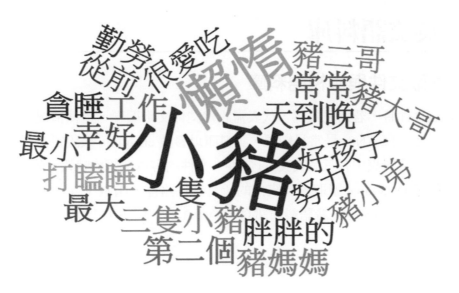

圖 3-2

3-3 英文語料庫

3-3-1 讀取文件與檢視語料庫

R 在讀取文件時，若出現亂碼，代表需設定文件文字編碼，這種情況最容易出現在中文文件。UTF-8 與 ANSI 是常見編碼，語料庫以參數 encoding 來設定。在隨書光碟第三章 tm_english 資料夾中有三個英文 txt 文件（文件內容為《紐約時報》的新聞標題），範例 3-8 以函數 DirSource 讀取資料夾內的所有文件路徑，函數 VCorpus 讀取內容構成語料庫，並以函數 inspect 查看語料庫訊息，後續 3-3-2 小節再用函數 tm_map 進行數據清理。

■ 範例 3-8

```
> Corpus_english <- VCorpus(DirSource("~/各單元data/ch3/tm_english", encoding = "UTF-8"))
> Corpus_english
<<VCorpus>>
Metadata:  corpus specific: 0, document level (indexed): 0
Content:   documents: 3
> inspect(Corpus_english)
<<VCorpus>>
Metadata:  corpus specific: 0, document level (indexed): 0
Content:   documents: 3

[[1]]
<<PlainTextDocument>>
Metadata:  7
Content:   chars: 89

[[2]]
<<PlainTextDocument>>
Metadata:  7
Content:   chars: 89

[[3]]
<<PlainTextDocument>>
Metadata:  7
Content:   chars: 64

>
```

函數 meta 查看單筆文件的詳細訊息，範例 3-9 顯示第一筆文件：

■ 範例 3-9

範例 3-10 以函數 as.character 查看單筆文件內容，搭配函數 lapply 即可查看多筆文件。

■ 範例 3-10

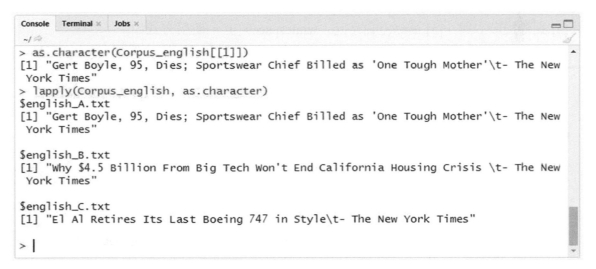

函數 tm_filter 可尋找出現特定單字的文件，如果要尋找 VCorpus_english 語料庫中出現關鍵字 Boeing 747 的文件，檢視其內容，如範例 3-11。

■ 範例 3-11

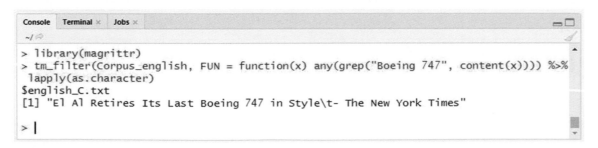

3-3-2　數據清理

在 3-3-1 小節構成語料庫後，函數 tm_map 進行數據清理，可使用函數 getTransformations 查詢，如範例 3-12。

■ 範例 3-12

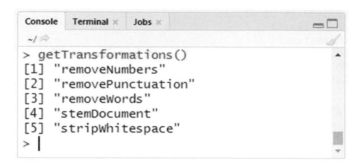

此五個函數分別可以「[1] 清除數字」、「[2] 清除標點符號」、「[3] 清除文字」、「[4] 詞幹提取」與「[5] 清除空白字元（whitespace）」，使用方式如下：

一、stripWhitespace：清除空白字元（\t、\r、\n、\v、\f）

接續範例 3-8 的 Corpus_english 語料庫，用以清除空白字元。

■ 範例 3-13

二、removeNumbers：清除數字

接續範例 3-13 的 Corpus_english_A 語料庫，用以清除數字。

■ 範例 3-14

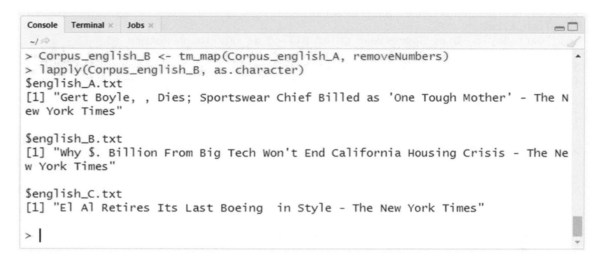

三、removePunctuation：清除英文標點符號

接續範例 3-14 的 Corpus_english_B 語料庫，用以清除英文標點符號。

■ 範例 3-15

四、removeWords：清除文字、停用詞

接續範例 3-15 的 Corpus_english_C 語料庫，因文件為《紐約時報》的新聞標題，標題後皆有「The New York Times」，用函數 removeWords 將其刪除。

■ 範例 3-16

```
Console   Terminal ×   Jobs ×                                          ▭☐
~/ ⇔                                                                      ⬚
> Corpus_english_D <- tm_map(Corpus_english_C, removeWords, c("The New York Ti
mes"))
> lapply(Corpus_english_D, as.character)
$english_A.txt
[1] "Gert Boyle  Dies Sportswear Chief Billed as One Tough Mother   "

$english_B.txt
[1] "Why  Billion From Big Tech Wont End California Housing Crisis   "

$english_C.txt
[1] "El Al Retires Its Last Boeing  in Style   "

> |
```

函數 removeWords 也可清除英文停用詞，如 to, the, of, ……，範例 3-17 接續範例 3-16 的 Corpus_english_D 語料庫，使用 tm 套件中的預設詞庫 stopwords("english")，當然也可以使用自己建立的停用詞詞庫。

■ 範例 3-17

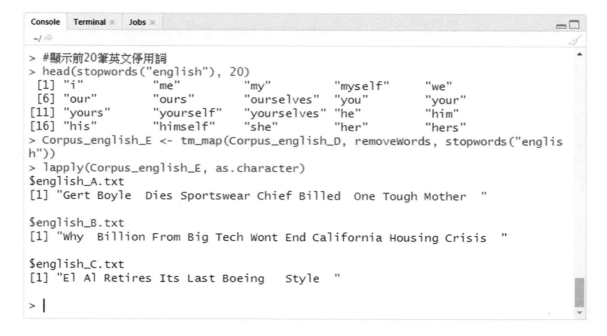

```
Console   Terminal ×   Jobs ×                                          ▭☐
~/ ⇔                                                                      ⬚
> #顯示前20筆英文停用詞
> head(stopwords("english"), 20)
 [1] "i"          "me"         "my"         "myself"     "we"
 [6] "our"        "ours"       "ourselves"  "you"        "your"
[11] "yours"      "yourself"   "yourselves" "he"         "him"
[16] "his"        "himself"    "she"        "her"        "hers"
> Corpus_english_E <- tm_map(Corpus_english_D, removeWords, stopwords("englis
h"))
> lapply(Corpus_english_E, as.character)
$english_A.txt
[1] "Gert Boyle  Dies Sportswear Chief Billed  One Tough Mother   "

$english_B.txt
[1] "Why  Billion From Big Tech Wont End California Housing Crisis   "

$english_C.txt
[1] "El Al Retires Its Last Boeing   Style   "

> |
```

五、stemDocument：詞幹提取

接續範例 3-17 的 Corpus_english_E 語料庫，用以詞幹提取（需安裝 SnowballC 套件）。

■ 範例 3-18

```
> Corpus_english_F <- tm_map(Corpus_english_E, stemDocument)
> lapply(Corpus_english_F, as.character)
$english_A.txt
[1] "Gert Boyl Die Sportswear Chief Bill One Tough Mother"

$english_B.txt
[1] "Whi Billion From Big Tech Wont End California Hous Crisi"

$english_C.txt
[1] "El Al Retir Its Last Boe Style"

>
```

3-3-3　練習：讀取文件與數據清理

從 Taipei Times 新聞網（http://www.taipeitimes.com/）擷取 110 篇英文新聞，於隨書光碟第三章 tm_Taiwan_NEWS 資料夾中，請將資料夾內的 txt 文件構成語料庫，清除空白字元（whitespace）、數字、標點符號、英文停用詞與詞幹提取，嘗試使用 magrittr 套件，利用 %>% 運算子處理資料流。

參考答案

```
> rm(list=ls())    #刪除所有變項
> Corpus_NEWS <- VCorpus(DirSource( "~/各單元data/ch3/tm_Taiwan_NEWS",encoding = "UTF-8"))
  %>%
+    tm_map( stripWhitespace) %>%
+    tm_map( removeNumbers) %>%
+    tm_map( removePunctuation) %>%
+    tm_map( removeWords , stopwords("english")) %>%
+    tm_map( stemDocument)
> lapply( Corpus_NEWS , as.character) %>% head(1)
$`2019-11-13_2003725751.txt`
[1] " Taiwan Taoyuan Internat Airport s new control tower offici begin oper Dec Minist Tr
ansport Commun Lin Chialung 林佳龍 said inspect tower s facil yesterday afternoonTh presen
t tower use year number aircraft land depart airport risen less per day Lin saidA airport
 s air traffic control now direct aircraft movement per year tower smarter facil said The
 design new control tower inspir Queen s Head Yehliu Geopark It integr aviat control auto
```

（只顯示部分內容）

3-3-4　詞彙文檔矩陣

　　繪製文字雲或尋找關鍵字之間的關係時，必須將語料庫轉換成詞彙文檔矩陣。轉換方式有兩種，以 3-3-3 小節的練習題為例，函數 TermDocumentMatrix，以文件檔名為行，關鍵字為列（如範例 3-19）；函數 DocumentTermMatrix 則以關鍵字為行，文件檔名為列（如範例 3-20）。轉換後，並非成為 R 語言的一般矩陣，查看內容仍需使用函數 inspect。

■ 範例 3-19

（只顯示部分結果）

■ 範例 3-20

```
Console  Terminal ×  Jobs ×
~/ 
> #以關鍵字為行，文件檔名為列
> NEWS_dtm <- DocumentTermMatrix(Corpus_NEWS)
> inspect(NEWS_dtm)
<<DocumentTermMatrix (documents: 110, terms: 5311)>>
Non-/sparse entries: 16416/567794
Sparsity            : 97%
Maximal term length: 26
Weighting           : term frequency (tf)
Sample              :
                          Terms
Docs                      also govern nation parti peopl said taipei
  2019-11-14_2003725815.txt   2      6      4     0     0    5      1
  2019-11-15_2003725886.txt   4      0      1     0     0    3      0
  2019-11-16_2003725944.txt   1      2      6     2     2    4      0
  2019-11-16_2003725945.txt   1     11      1     0     4    5      1
  2019-11-17_2003726015.txt   1      1      0     0     1   15      0
  2019-11-18_2003726060.txt   1      1      0     8     3    4      0
  2019-11-18_2003726064.txt   0      3      0     0     2    6      5
  2019-11-19_2003726118.txt   0      2      1     3     5    7      3
  2019-11-20_2003726185.txt   4      0      0     1     5    8      1
  2019-11-20_2003726186.txt   2      0      0     0     1    6      3
```

(只顯示部分結果)

不論是 NEWS_dtm 或是 NEWS_tdm，兩者皆可查看英文單字在各文件裡出現的次數；反之，也可查看各文件出現的英文單字。若要對詞彙文檔矩陣做運算時，必須先使用函數 as.matrix 轉換成一般矩陣，再計算單字出現次數、製作次數分配表與次數排序等。

範例 3-21 先用函數 as.matrix 將 NEWS_tdm 轉換成一般矩陣，再用函數 rowSums 計算每一列的總和，藉此計算出單字在所有文件出現的次數。

■ 範例 3-21

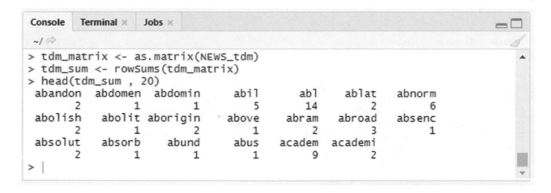

```
Console  Terminal ×  Jobs ×
~/ 
> tdm_matrix <- as.matrix(NEWS_tdm)
> tdm_sum <- rowSums(tdm_matrix)
> head(tdm_sum , 20)
 abandon  abdomen  abdomin     abil      abl    ablat   abnorm
       2        1        1        5       14        2        6
 abolish   abolit aborigin    above     abram   abroad   absenc
       2        1        2        1        2        3        1
 absolut   absorb    abund     abus   academ  academi
       2        1        1        1        9        2
> |
```

範例 3-22 利用函數 table 可產生次數分配表，瞭解用詞頻率的分布（函數 head 查看前六筆，函數 tail 查看最後六筆），執行結果顯示，有 2810 個單字出現一次，700 個單字出現兩次，381 個單字出現 3 次……，以此類推。

■ 範例 3-22

範例 3-23 使用函數 sort 進行排序，查看各個用詞的多寡。如 said 出現 491 次、taiwan 出現 284 次、parti 出現 175 次……，以此類推。

■ 範例 3-23

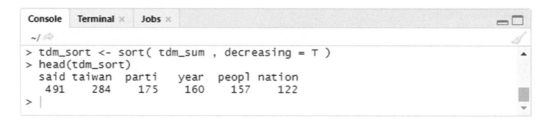

利用函數 DocumentTermMatrix 製作出詞彙文檔矩陣後，函數 findFreqTerms 可再尋找出現特定次數的英文單字。接續範例 3-20 的 NEWS_dtm 詞彙文檔矩陣，範例 3-24 試著尋找出現 30~35 次以及 100 次以上的字詞。

■ 範例 3-24

```
> findFreqTerms(NEWS_dtm, lowfreq = 30, highfreq = 35)
 [1] "amend"     "area"      "ask"       "becom"     "campaign"
 [6] "caus"      "chairman"  "chen"      "children"  "commiss"
[11] "compani"   "countri"   "cultur"    "democraci" "democrat"
[16] "diseas"    "district"  "former"    "hsu"       "lee"
[21] "local"     "made"      "medic"     "medicin"   "might"
[26] "need"      "news"      "nomine"    "offici"    "project"
[31] "propos"    "receiv"    "research"  "respons"   "right"
[36] "say"       "soong"     "survey"    "vote"      "will"
> findFreqTerms(NEWS_dtm, lowfreq = 100)
[1] "also"   "nation" "parti" "peopl" "said"   "taipei" "taiwan"
[8] "the"    "year"
>
```

範例 3-25 使用函數 dim 查看語料庫 NEWS_tdm，有 110 篇新聞，共 5311 個單字，但大多數單字出現次數不多，分析時用處不大。函數 removeSparseTerms 可解決此問題，刪除出現頻率較低的單字，設定參數 sparse 於 0~1 之間，越小代表保留的單字越少，範例 3-25 將其設為 0.9，單字量縮減至 313 個。

■ 範例 3-25

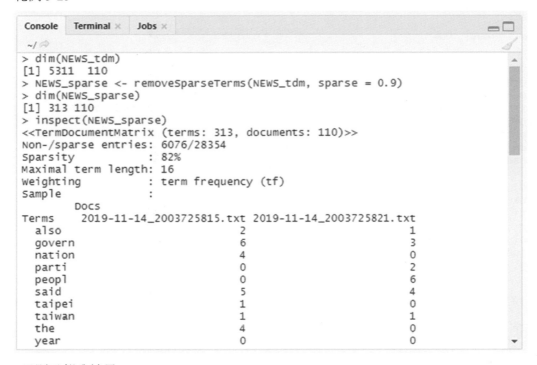

(只顯示部分結果)

範例 3-26 示範使用函數 findAssocs 尋找單字間的相關度，原先範例 3-25 的 NEWS_sparse 語料庫已經刪除出現頻率較低的單字，若要尋找與「democraci」相關性在 0.7 以上的單字，就可以使用此函數。

■ 範例 3-26

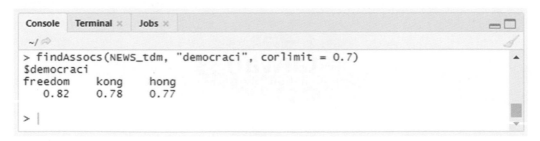

3-3-5　繪製文字雲

　　繪製文字雲前，必須計算文字出現次數、排序與轉換成資料框，完成繪製前的準備工作。以範例 3-19 建立的 NEWS_tdm 詞彙文檔矩陣為例，先用函數 as.matrix 將其轉換成一般矩陣型態，再完成上述準備工作。

■ 範例 3-27

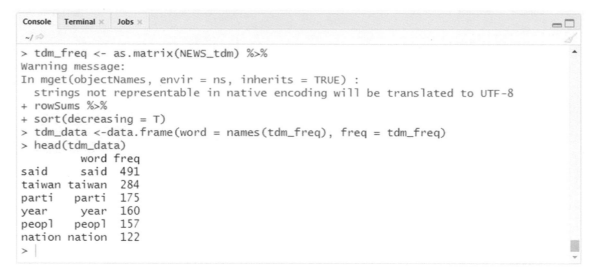

```
Console   Terminal   Jobs
~/
> tdm_freq <- as.matrix(NEWS_tdm) %>%
Warning message:
In mget(objectNames, envir = ns, inherits = TRUE) :
  strings not representable in native encoding will be translated to UTF-8
+ rowSums %>%
+ sort(decreasing = T)
> tdm_data <-data.frame(word = names(tdm_freq), freq = tdm_freq)
> head(tdm_data)
         word freq
said      said  491
taiwan  taiwan  284
parti    parti  175
year      year  160
peopl    peopl  157
nation  nation  122
>
```

　　接下來，範例 3-28 為一般的文字雲，後續範例 3-29 ～範例 3-33 加入參數做變化，使文字雲更有特色。

一、文字雲

■ 範例 3-28

```
Console   Terminal   Jobs
~/
> wordcloud2(tdm_data)
>
```

圖 3-3

二、將字體大小與間距縮小，改變文字雲形狀

■ 範例 3-29

圖 3-4

三、限制文字大小，改變字型與文字旋轉比例

■ 範例 3-30

```
Console   Terminal ×   Jobs ×

~/ 
> #若要所有文字旋轉角度相同，才使用rotateRatio = 1
> wordcloud2(tdm_data, minSize = 12, fontFamily = "Arial", minRotation = -pi/6,
+          maxRotation = -pi/6, rotateRatio = 1)
> |
```

圖 3-5

四、改變字體粗細與顏色色系，以及背景顏色

■ 範例 3-31

```
Console  Terminal ×  Jobs ×
~/
> #字體正常粗細，亮系顏色，灰色背景
> wordcloud2(tdm_data, minSize = 12, fontWeight = "normal",
+            color = "random-light", backgroundColor = "gray")
> |
```

圖 3-6

五、讀取圖片檔，定義文字雲形狀

■ 範例 3-32

```
Console  Terminal ×  Jobs ×
~/
> #需要黑白圖檔，wordcloud2_data資料夾有Twitter與Batman可供選擇
> wordcloud2(tdm_data, size = 1.2, gridSize = 1.5,
+            figPath = "~/各單元data/ch3/wordcloud2_data/Batman.png")
> |
```

圖 3-7

六、函數 letterCloud，自定義的文字形狀

■ 範例 3-33

圖 3-8

　　若在讀取圖片檔或用函數 letterCloud 來自定義文字形狀時，發現沒有顯示錯誤訊息卻無法跑出圖形，安裝 wordcloud2 套件舊版本（0.2.0 版本）即可解決。其步驟如下：

步驟 1　先執行指令 remove.packages("wordcloud2") 刪除目前的 wordcloud2 套件。

步驟 2　從 R 語言官方網站下載 wordcloud2 套件 0.2.0 版本，並手動安裝 tar.gz 檔案（下載網址：https://cran.r-project.org/src/contrib/Archive/wordcloud2/），附件第三章 wordcloud2_data 資料夾內也有提供 wordcloud2_0.2.0.tar.gz 檔案。

圖 3-9

步驟 3　安裝完後，先讀取套件 library(wordcloud2)，再執行程式碼查看是否成功。

3-4 中文語料庫

3-4-1 讀取文件與檢視語料庫

　　隨書光碟第三章 tm_chinese 資料夾中，有三個中文 txt 文件（文件內容為 Yahoo 奇摩的新聞標題），皆以 UTF-8 文字編碼儲存，將其構成語料庫，如範例 3-34。

■ 範例 3-34

3-4-2 數據清理

　　清除中文語料庫的空白字元、數字與文字部分，與英文語料庫處理方式相同，但沒有詞幹提取，且清除停用詞可在中文斷詞再做處理，這邊不做介紹。此外，函數 removeWords 在清除文字時，可透過正規表達式清除英文與中文標點符號。

一、清除空白字元（\t、\r、\n、\v、\f）、數字與文字

接續範例 3-34 的 VCorpus_chinese 語料庫，依序進行清除空白字元、數字與文字（Yahoo 奇摩新聞）。

■ 範例 3-35

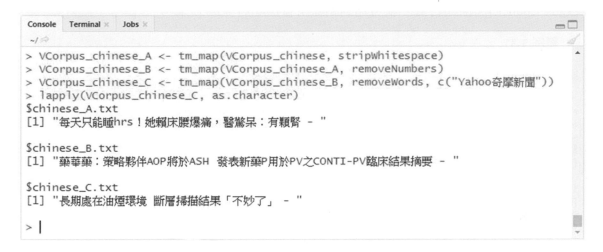

二、清除英文標點符號（中文不建議使用）

接續範例 3-35 的 VCorpus_chinese_C 語料庫，使用函數 removePunctuation 清除英文標點符號。

■ 範例 3-36

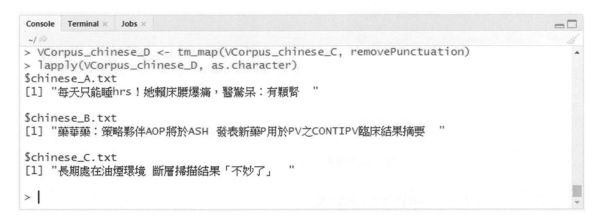

範例 3-36 只清除英文標點符號，若要完整清除所有標點符號，建議使用正規表達式來清除，接下來的「定義新函數」單元有詳細介紹。

三、定義新函數

tm套件在數據清理雖然只有五個函數，其中函數 removePunctuation 無法清除所有標點符號，但函數 content_transformer 提供使用者自行定義新函數。

範例 3-37 先建立新函數 gsubword，利用取代函數 gsub 清除指定文字，再搭配正規表達式 [:punct:]（標點符號）就可達到刪除所有標點符號的效果。

■ 範例 3-37

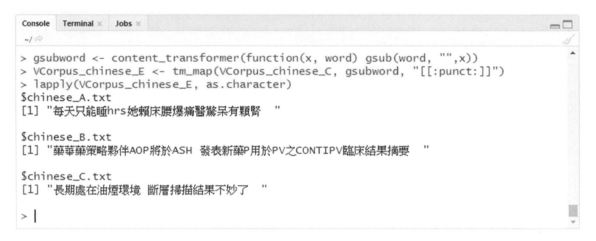

也可以在範例 3-34 讀取文字建構成語料庫（VCorpus_chinese）後，直接用新函數 gsubword，一口氣刪除空白字元字符 [:space:]、大小寫字母 [A-z]、數字 [0-9]、標點符號 [:punct:]，達到數據清理的效果，如範例 3-38。

■ 範例 3-38

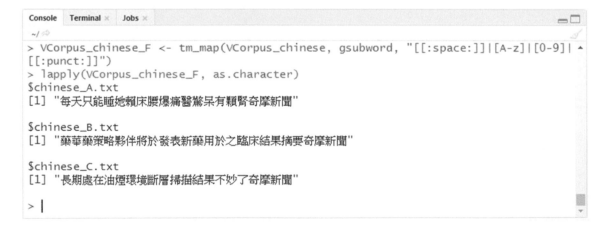

3-4-3　練習：讀取文件與數據清理

　　隨書光碟第三章 tm_WBSC_NEWS 資料夾中，擷取《自由時報》電子報 30 篇中文新聞（https://www.ltn.com.tw/）。請嘗試使用函數 Corpus 與 VCorpus 構成語料庫，清除大小寫字母與數字（不刪除空白字元與標點符號對中文斷詞影響不大），觀察其相異之處。

參考答案

　　Corpus_WBSC 語料庫會以「\n」代表換行，文件所有內容同一個字符裡；VCorpus_WBSC 語料庫裡的每一行都是一個字符，五行轉換成有五個字符的字符串。因此，兩者在後續中文斷詞處理略有不同，但皆可得出近似的結果。

3-4-4 中文斷詞

函數 worker 建立斷詞工具，函數 stop_word 設定停用詞詞庫（前述 tmcn 套件介紹已建立 stopword_UTF8.txt），也可使用函數 new_user_word 新增詞彙，斷詞會更加準確。隨書光碟第三章資料夾中的 baseball.txt 文件，針對此 30 篇中文新聞所建立的詞庫，先以函數 readLines 讀取 txt 檔案，再新增詞庫，顯示「TRUE」代表新增成功，如範例 3-39。

■ 範例 3-39

```
> cutword <- worker(stop_word = "stopword_UTF8.txt")
> add <- readLines("~/各單元data/ch3/baseball.txt", encoding = "UTF-8")
> new_user_word(cutword, add)
[1] TRUE
>
```

成功建立斷詞工具後，使用函數 segment 即可進行斷詞，但對語料庫進行斷詞較為複雜，對不同種類語料庫的程式碼也不一定相同。範例 3-40 示範 Corpus 語料庫的斷詞，並篩選出字符數大於 1 的字詞。

■ 範例 3-40

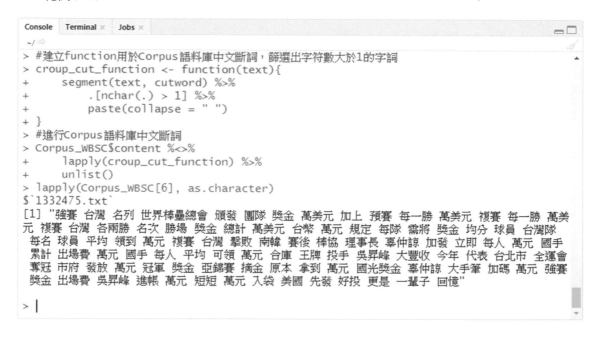

```
> #建立function用於Corpus語料庫中文斷詞，篩選出字符數大於1的字詞
> croup_cut_function <- function(text){
+     segment(text, cutword) %>%
+         .[nchar(.) > 1] %>%
+         paste(collapse = " ")
+ }
> #進行Corpus語料庫中文斷詞
> Corpus_WBSC$content %<>%
+     lapply(croup_cut_function) %>%
+     unlist()
> lapply(Corpus_WBSC[6], as.character)
$`1332475.txt`
[1] "強賽 台灣 名列 世界棒壘總會 頒發 團隊 獎金 萬美元 加上 預賽 每一勝 萬美元 複賽 每一勝 萬美
元 複賽 台灣 各兩勝 名次 勝場 獎金 總計 萬美元 台幣 萬元 規定 每隊 需將 獎金 均分 球員 台灣隊
每名 球員 平均 領到 萬元 複賽 台灣 擊敗 南韓 賽後 棒協 理事長 辜仲諒 加發 立即 每人 萬元 國手
累計 出場費 萬元 國手 每人 平均 可領 萬元 合庫 王牌 投手 吳昇峰 大豐收 今年 代表 台北市 全運會
奪冠 市府 發放 萬元 冠軍 獎金 亞錦賽 摘金 原本 拿到 萬元 國光獎金 辜仲諒 大手筆 加碼 萬元 強賽
獎金 出場費 吳昇峰 進帳 萬元 短短 萬元 入袋 美國 先發 好投 更是 一輩子 回憶"
>
```

　　斷詞結果可能不盡理想，這時可開啓 baseball.txt 文件增添新的詞彙，或是開啓 stopword_UTF8.txt 文件新增停用詞，直到得出滿意結果爲止，如圖 3-10。

　　新增詞彙後，儲存檔案，清除所有變項，重新構成語料庫與斷詞工具，再執行斷詞，查看結果，如範例 3-41。

圖 3-10

■ 範例 3-41

```
> gsubword <- content_transformer( function(x, word) gsub(word, "", x))
> Corpus_WBSC <- Corpus(DirSource( "~/各單元data/ch3/tm_WBSC_NEWS" ,encoding = "UTF-
8"))
> Corpus_WBSC <- tm_map(Corpus_WBSC, gsubword , "[A-z]|[0-9]")
> cutword <- worker( stop_word = "C:/Users/Yuan/Desktop/各單元data/ch3/stopword_UTF8
(修改).txt" )
> add <- readLines( "~/各單元data/ch3/baseball.txt" ,encoding = "UTF-8")
> new_user_word( cutword , add)
[1] TRUE
> croup_cut_function <- function(text){
+    segment(text,cutword) %>%
+    .[ nchar(.) > 1 ] %>%
+    paste(collapse = " ")
+ }
> Corpus_WBSC$content  %<>%
+    lapply( croup_cut_function ) %>%
+    unlist()
> lapply( Corpus_WBSC[6] , as.character)
$`1332475.txt`
[1] "強賽 台灣 名列 世界棒壘總會 頒發 團隊 獎金 加上 預賽 複賽 複賽 台灣 各兩勝 名次 勝場 獎金
總計 台幣 規定 每隊 獎金 球員 台灣隊 每名 球員 領到 複賽 台灣 擊敗 南韓 賽後 棒協 理事長 奉仲諒
加發 立即 每人 國手 累計 出場費 國手 每人 合庫 王牌 投手 吳昇峰 大豐收 今年 代表 台北市 全運會
等冠 市府 發放 冠軍 獎金 亞錦賽 摘金 國光獎金 奉仲諒 大手筆 加碼 強賽 獎金 出場費 吳昇峰 進帳
入袋 美國 先發 好投 一輩子 回憶"

> |
```

3-4-5 詞彙文檔矩陣與繪製文字雲

　　完成斷詞後，將語料庫轉換成詞彙文檔矩陣，再尋找關鍵字間的相關性，以及繪製文字雲，其程式碼皆與英文語料庫所介紹的相同，如範例 3-42。但由於未建立完整詞庫，其結果可能不如預期。

■ 範例 3-42

```
Console  Terminal ×  Jobs ×                                          ─□
~/ 
> Corpus_TDM <- TermDocumentMatrix(Corpus_WBSC)
> inspect(Corpus_TDM)
<<TermDocumentMatrix (terms: 1597, documents: 30)>>
Non-/sparse entries: 2732/45178
Sparsity            : 94%
Maximal term length: 7
Weighting           : term frequency (tf)
Sample              :
       Docs
Terms    1330417.txt 1332283.txt 1332474.txt 1332930.txt 1332936.txt
  日本              2           3           1           0           0
  比賽              0           3           2           3           0
  世界              0           1           0           0           3
  台灣              1           5           2           0           3
  台灣隊            4           0           4           0           2
  南韓              0           3           3           0           0
  強賽              0           1           0           2           1
  棒球              0           1           0           0           1
  萬美元            7           0           0           0           0
  預賽              1           1           0           0           1
```

（只顯示部分結果）

　　查看與「資格賽」具有相關性的字詞，可自由調整參數 corlimit 之值，如範例 3-43。

■ 範例 3-43

```
Console  Terminal ×  Jobs ×                                          ─□
~/ 
> findAssocs(Corpus_TDM, "資格賽", corlimit = 0.85)
$資格賽
美洲區    出線    中國
  0.93    0.90    0.89

> |
```

　　最後，試著繪製文字雲。先將範例 3-42 的 Corpus_TDM 詞彙文檔矩陣轉換成一般矩陣，再計算詞頻、排序與轉換資料框，之後便可依照自己需求在函數 wordcloud2 加入參數，繪製文字雲，如圖 3-11。

■ 範例 3-44

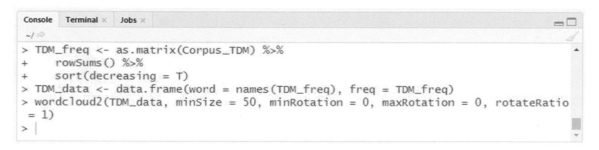

```
> TDM_freq <- as.matrix(Corpus_TDM) %>%
+     rowSums() %>%
+     sort(decreasing = T)
> TDM_data <- data.frame(word = names(TDM_freq), freq = TDM_freq)
> wordcloud2(TDM_data, minSize = 50, minRotation = 0, maxRotation = 0, rotateRatio
 = 1)
> |
```

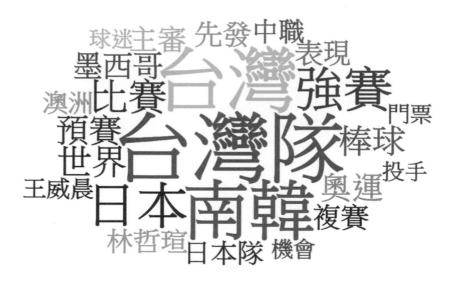

圖 3-11

NOTE

Chapter **4**

中、英文小說分析

本章內容

　　從前三章學會如何將多個文件構成語料庫，繪製文字雲，進行簡單的文本探勘。接下來將學習分析中、英文小說，藉此認識 tidy 文本格式，以及如何進行情感分析、計算 TF-IDF 與繪製網絡圖。

4-1　套件介紹

　　本章會使用以下 17 個套件，請務必先進行安裝（請見 1-3-1 小節）與載入（請見 1-3-3 小節），後續將跳過安裝與載入套件之介紹。

1. gutenbergr：用於下載與搜尋古騰堡計畫網站之套件。
2. readxl：讀取 Excel 檔案。
3. magrittr：管線運算子套件。
4. dplyr：處理資料框套件，用於資料框清理與整理。
5. stringr：處理字符串套件。
6. tmcn：用於中文文本探勘，包含繁簡體轉換、語義詞典與中文停用詞。
7. tidytext：文本探勘處理套件，處理符號化，可搭配 jiebaR 中文斷詞。
8. jiebaR：用於中文斷詞。
9. tidyr：處理資料框套件，用於 tidy 資料框，常搭配套件 dplyr 一起使用。
10. ggplot2：繪圖套件。
11. wordcloud：繪製文字雲套件。
12. wordcloud2：繪製文字雲套件。
13. reshape2：重組數據之套件，用於長數據與寬數據的相互轉換。
14. igraph：建立網絡圖圖表之套件。
15. ggraph：繪製網絡圖之套件。
16. widyr：整理數據並完成數學運算之套件，可計算出現次數與相關性等。
17. opicmodels：建立主題模型。

4-2 認識 Gutenberg Project

古騰堡計畫網站（https://www.gutenberg.org/）提供超過 59,000 本世界上最偉大的文學作品，可自由下載免費的 epub 和 Kindle 電子書，或在線閱讀。

圖 4-1

套件 gutenbergr 提供下載與搜尋此網站的函數：

1. gutenberg_metadata：查看每個作品的訊息，包含古騰堡 ID、標題、作者與語言等。
2. gutenberg_authors：查看每個作者的訊息，包含作者別名、出生 / 死亡年份與維基百科網址等。
3. gutenberg_subjects：查看每個作品的主題，包含作品的類型與學科。
4. gutenberg_works：以標題、作者或語言搜尋相關作品，用於搜尋古騰堡 ID。
5. gutenberg_download：輸入古騰堡 ID 來下載電子書，可同時下載多部作品。

以《愛麗絲夢遊仙境》（Alice's Adventures in Wonderland）作品為例，範例 4-1 與範例 4-2 分別示範如何使用函數 gutenberg_works 與 gutenberg_download 下載文件。

■ 範例 4-1

```
Console  Terminal ×  Jobs ×                                          —□
~/
      <chr>      <chr>                <chr>                    <lgl>
1          11 Alice's Adventures in wonderland Carroll, Lewis              7
 en       Children's Literature Public domain in the USA. TRUE
> #範例4-1
> gutenberg_works( title == "Alice's Adventures in wonderland" )
# A tibble: 1 x 8
  gutenberg_id title author gutenberg_autho~ language gutenberg_books~ rights
         <int> <chr> <chr>            <int> <chr>    <chr>            <chr>
1          11 Alic~ Carro~               7 en       Children's Lite~ Publi~
# ... with 1 more variable: has_text <lgl>
> |
```

(還有一個變項，移動拉大視窗，再執行一次即可獲得完整資訊。)

範例 4-1 得知函數 gutenberg_works 搜尋 Alice's Adventures in Wonderland 的結果，古騰堡 ID（gutenberg_id）為 11，就可以使用函數 gutenberg_download 來下載此部作品，如範例 4-2。

■ 範例 4-2

```
Console  Terminal ×  Jobs ×                                          —□
~/
> gutenberg_download(11)
Determining mirror for Project Gutenberg from http://www.gutenberg.org/robot/harvest
`curl` package not installed, falling back to using `url()`
Using mirror http://aleph.gutenberg.org
# A tibble: 3,339 x 2
  gutenberg_id text
         <int> <chr>
1          11 "ALICE'S ADVENTURES IN WONDERLAND"
2          11 ""
3          11 "Lewis Carroll"
4          11 ""
5          11 "THE MILLENNIUM FULCRUM EDITION 3.0"
6          11 ""
7          11 ""
8          11 ""
9          11 ""
10          11 "CHAPTER I. Down the Rabbit-Hole"
# ... with 3,329 more rows
> |
```

　　此外，中文小說使用上述方法可能會查不到古騰堡 ID，所以建議從網站直接搜尋，其網址最後的數字即是古騰堡 ID。如圖 4-2，《水滸傳》的古騰堡 ID 為 23863。

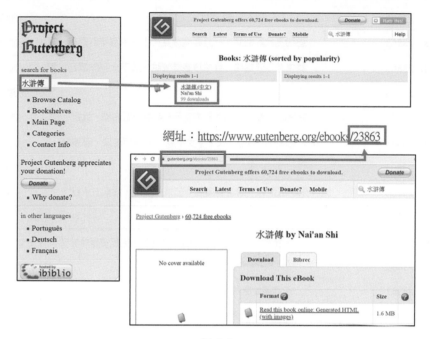

圖 4-2

　　函數 gutenberg_download 也可同時下載多部作品。例如《三國演義》、《西遊記》、《水滸傳》及《紅樓夢》為中國四大名著，其古騰堡 ID 分別為 23950、23962、23863與 24264，再加入變數 meta_fields，增加標題來區分小說內容，其效果如圖 4-3。

■ 範例 4-3

```
> books <- gutenberg_download(c(23950, 23962, 23863, 24264), meta_fields = "title")
> View(books)
>
```

	gutenberg_id	text	title
1	23863	楔子　張天師祈禳瘟疫　洪太尉誤走妖魔	水滸傳
2	23863		水滸傳
3	23863	紛紛五代亂離間，一旦雲開復見天！草木百年新雨露，車…	水滸傳
4	23863	尋常巷陌陳羅綺，幾處樓臺奏管絃。天下太平無事日，鶯…	水滸傳
5	23863		水滸傳
6	23863	話說這八句詩乃是故宋神宗天子朝中一個名儒，姓邵，諱…	水滸傳
7	23863	作：為歎五代殘害，天下干戈不息。那時朝屬梁，暮屬晉，…	水滸傳
8	23863		水滸傳
9	23863	朱李石劉郭，梁唐晉漢周：都來十五帝，播亂五十秋。	水滸傳
⋮	⋮	⋮	⋮
16898	23863	大抵為人土一丘，百年若個得齊頭！完租安穩尊於帝…	水滸傳
16899	23863		水滸傳
16900	23863	子建高才空號虎，莊生於達以為牛。夜寒薄醉搖柔翰…	水滸傳
16901	23950	第一回：宴桃園豪傑三結義，斬黃巾英雄首立功	三國志演義
16902	23950		三國志演義
16903	23950	詞曰：	三國志演義
16904	23950		三國志演義
16905	23950	滾滾長江東逝水，浪花淘盡英雄。是非成敗轉頭空：青…	三國志演義
16906	23950	髮漁樵江渚上，慣看秋月春風。一壺濁酒喜相逢：古今多少…	三國志演義

（只顯示部分內容）

圖 4-3

4-3 tidy 文本格式

整理文本格式能更容易、更有效率地處理文本，其結構稱為 tidy 文本格式，具有三個特徵：

1. 一個變量（variable）一行。
2. 一個觀察值（observation）一列，例如：一個詞一列。
3. 一份觀察值資料（observational unit）一張表格，如：一篇文章一個表格。

簡單來說，tidy 文本格式通常是每列一個詞的表格，將詞稱為符號（token），從文本切分成符號的過程，又稱為符號化（tokenization），相當於先前介紹套件 jiebaR 的斷詞，差別在於 tidy 文本格式更容易用於後續分析，且不限於單個詞，也可以是 n 元語法（n-gram）、句子或段落。

若要將字符串轉換成資料框，常使用函數 data.frame，但套件 dplyr 提供函數 tibble 也有此功能，且更利於轉換成整齊的文本資料，搭配套件 tidytext 的函數 unnest_tokens，便可將文本符號化。範例 4-4 以杜牧的七言絕句《清明》為例，示範如何將文本符號化。

■ 範例 4-4

```
> seven <- c("清明時節雨紛紛，","路上行人慾斷魂。","借問酒家何處有，","牧童遙指杏花村。")
> seven_tibble <- tibble(row = 1:4, text = seven)
> seven_tibble
# A tibble: 4 x 2
    row text
  <int> <chr>
1     1 清明時節雨紛紛，
2     2 路上行人慾斷魂。
3     3 借問酒家何處有，
4     4 牧童遙指杏花村。
> unnest_tokens( seven_tibble , word, text)
# A tibble: 15 x 2
    row word
  <int> <chr>
1     1 清明
2     1 時節
3     1 雨
4     1 紛紛
5     2 路上
6     2 行人
7     2 慾
8     2 斷魂
9     3 借問
10    3 酒家
11    3 何處
12    3 有
13    4 牧童
14    4 遙指
15    4 杏花村
```

4-4　情感詞庫

4-4-1　英文情感詞庫

套件 tidytext 有三個通用的英文情感詞典，分別爲 afinn、bing 與 nrc，使用函數 get_sentiments 即可取得詞典。

第一次使用套件 tidytext 的情感詞庫，可能會遇到如範例 4-5 的錯誤訊息。

■ 範例 4-5

解決方式：先安裝套件 textdata，再執行一次，如範例 4-6 的三個步驟。

■ 範例 4-6

步驟 1：安裝套件 textdata

步驟 2：再次查看情感詞典

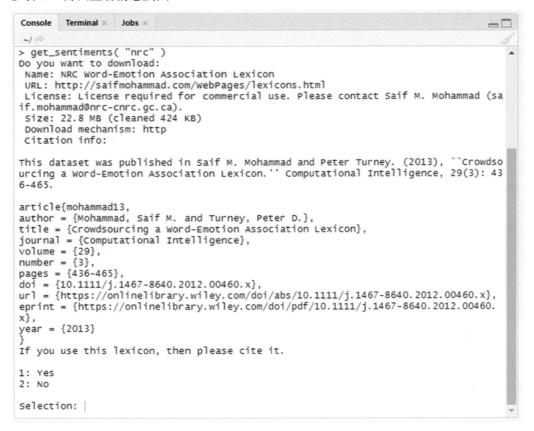

步驟 3：輸入「1」引用詞典

```
If you use this lexicon, then please cite it.

1: Yes
2: No

Selection: 1
嘗試 URL 'http://saifmohammad.com/webDocs/NRC-Emotion-Lexicon.zip'
Content type 'application/zip' length 24199292 bytes (23.1 MB)
downloaded 23.1 MB

# A tibble: 13,901 x 2
   word        sentiment
   <chr>       <chr>
 1 abacus      trust
 2 abandon     fear
 3 abandon     negative
 4 abandon     sadness
 5 abandoned   anger
 6 abandoned   fear
 7 abandoned   negative
 8 abandoned   sadness
 9 abandonment anger
10 abandonment fear
# ... with 13,891 more rows
>
```

此外，套件 tidytext 中，資料庫 stop_words 有常見的英文停用詞，如範例 4-7，將會在後續範例中直接使用。

■ 範例 4-7

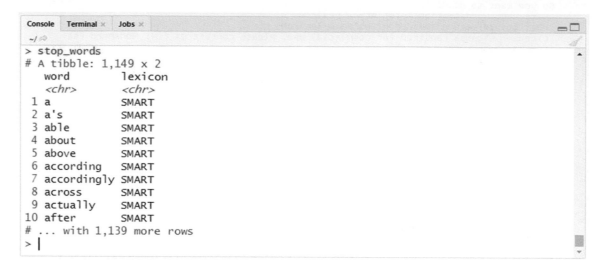

```
> stop_words
# A tibble: 1,149 x 2
   word        lexicon
   <chr>       <chr>
 1 a           SMART
 2 a's         SMART
 3 able        SMART
 4 about       SMART
 5 above       SMART
 6 according   SMART
 7 accordingly SMART
 8 across      SMART
 9 actually    SMART
10 after       SMART
# ... with 1,139 more rows
>
```

一、bing 詞典

bing 詞典分成正向情感（positive）與負向情感（negative）兩類。

■ 範例 4-8

```
> get_sentiments("bing")
# A tibble: 6,786 x 2
   word         sentiment
   <chr>        <chr>
 1 2-faces      negative
 2 abnormal     negative
 3 abolish      negative
 4 abominable   negative
 5 abominably   negative
 6 abominate    negative
 7 abomination  negative
 8 abort        negative
 9 aborted      negative
10 aborts       negative
# ... with 6,776 more rows
>
```

二、afinn 詞典

afinn 詞典將情感用詞評分為 –5 ～ 5 之間的數值，正值代表正向情感，負值代表負向情感。

■ 範例 4-9

```
Console   Terminal ×   Jobs ×                                        ─□
~/ ⇌
> get_sentiments( "afinn" )
# A tibble: 2,477 x 2
   word          value
   <chr>         <dbl>
 1 abandon         -2
 2 abandoned       -2
 3 abandons        -2
 4 abducted        -2
 5 abduction       -2
 6 abductions      -2
 7 abhor           -3
 8 abhorred        -3
 9 abhorrent       -3
10 abhors          -3
# ... with 2,467 more rows
> |
```

三、nrc 詞典

nrc 詞典將情緒分成：憤怒（anger）、期待（anticipation）、厭惡（disgust）、恐懼（fear）、快樂（joy）、悲傷（sadness）、驚訝（surprise）、信任（trust）、負向（negative）、正向（positive）等，共十類。

■ 範例 4-10

```
Console   Terminal ×   Jobs ×                                        ─□
~/ ⇌
> get_sentiments("nrc")
# A tibble: 13,901 x 2
   word          sentiment
   <chr>         <chr>
 1 abacus        trust
 2 abandon       fear
 3 abandon       negative
 4 abandon       sadness
 5 abandoned     anger
 6 abandoned     fear
 7 abandoned     negative
 8 abandoned     sadness
 9 abandonment   anger
10 abandonment   fear
# ... with 13,891 more rows
> |
```

4-4-2　中文情感詞庫

　　R 語言套件 tmcn，提供資料庫 NTUSD，此爲國立臺灣大學語義詞庫，有四個列表，positive_cht 與 negative_cht 爲繁體情感詞庫，positive_chs 與 negative_chs 則爲簡體。範例 4-11 爲上述四個詞庫的前十個字詞。

■ 範例 4-11

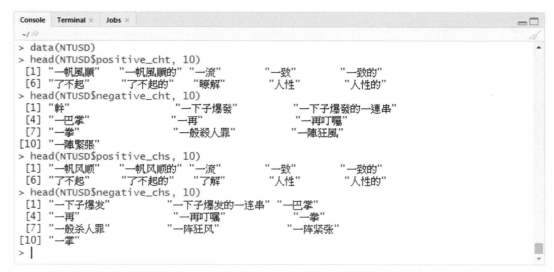

　　利用 dplyr 套件與函數 rbind 製作成繁體情感詞庫（NTUSD_sentiment），從範例 4-12 發現，positive_cht 有 2,810 個詞，negative_cht 卻有 8,277 個詞，總共有 11,087 個情感用詞，但負向詞庫的數量約爲正向詞庫的 3 倍，可能會使分析結果偏向負向，若想獲得更加精準的分析結果，可參考其他情感詞庫，例如：中文版 LIWC 詞典（https://cliwc.weebly.com/）。

■ 範例 4-12

```
Console  Terminal ×  Jobs ×
~/
> NTUSD_positive <- tibble(word = NTUSD$positive_cht, sentiments = "positive")
> NTUSD_positive
# A tibble: 2,810 x 2
    word         sentiments
    <chr>        <chr>
 1 一帆風順      positive
 2 一帆風順的    positive
 3 一流          positive
 4 一致          positive
 5 一致的        positive
 6 了不起        positive
 7 了不起的      positive
 8 瞭解          positive
 9 人性          positive
10 人性的        positive
# ... with 2,800 more rows
> NTUSD_negative <- tibble(word = NTUSD$negative_cht, sentiments = "negative")
> NTUSD_negative
# A tibble: 8,277 x 2
    word                sentiments
    <chr>               <chr>
 1 幹                  negative
 2 一下子爆發           negative
 3 一下子爆發的一連串   negative
 4 一巴掌              negative
 5 一再                negative
 6 一再叮囑             negative
 7 一拳                negative
 8 一般殺人罪           negative
 9 一陣狂風             negative
10 一陣緊張             negative
# ... with 8,267 more rows
> NTUSD_sentiment <- rbind(NTUSD_positive, NTUSD_negative)
> nrow(NTUSD_sentiment)
[1] 11087
>
```

4-5 英文小說分析——Little Women

4-5-1 下載小說

《Little Women》是美國作家路易莎·梅·奧爾科特（Louisa May Alcott）的作品，敘述美國南北戰爭期間，新英格蘭的一個小鎮上，某一個家庭生活與女兒的愛情故事。在古騰堡網站搜尋此部小說，得其古騰堡 ID 爲 514，再用函數 gutenberg_download 下載小說，儲存至變數 Women，如範例 4-13。

■ 範例 4-13

```
Console  Terminal ×  Jobs ×
~/
> Women <- gutenberg_download(514)
> View(Women)
>
```

	gutenberg_id	text
1	514	LITTLE WOMEN
2	514	
3	514	
4	514	by
5	514	
6	514	Louisa May Alcott
7	514	
8	514	
9	514	
10	514	
11	514	CONTENTS
12	514	
13	514	

Showing 1 to 13 of 20,627 entries, 2 total columns

圖 4-4

4-5-2 增加章節與行數

函數 mutate 新增變數，其中章節部分，函數 regex 爲正規表達式，函數 mutate 用於新增變數，若要增加行數較爲簡單，使用函數 row_number 即可獲得列數編碼。增加章節較爲複雜，需要先觀察各章節的開頭，函數 regex 建立正規表達式，再搭配函數 cumsum 累計出現次數，如範例 4-14，一開始沒有出現開頭爲「chapter」，故皆爲 0，但到 CHAPTER ONE 出現開頭爲「chapter」則加 1，即可表示爲第一章；之後出現

CHAPTER TWO 再加 1，表示為第二章……，以此類推。因此，不同小說章節的正規表達式不完全相同，須隨之修改。

■ 範例 4-14

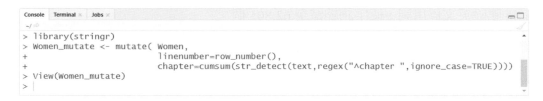

```
> library(stringr)
> Women_mutate <- mutate( Women,
+                        linenumber=row_number(),
+                        chapter=cumsum(str_detect(text,regex("^chapter ",ignore_case=TRUE))))
> View(Women_mutate)
> |
```

	gutenberg_id	text	linenumber	chapter
1	514	LITTLE WOMEN	1	0
2	514		2	0
3	514		3	0
4	514	by	4	0
5	514		5	0
6	514	Louisa May Alcott	6	0
7	514		7	0
8	514		8	0
9	514		9	0
10	514		10	0
11	514	CONTENTS	11	0
12	514		12	0

	gutenberg_id	text	linenumber	chapter
521	514	cheery sound, for the girls never grew too old for that familiar	521	1
522	514	lullaby.	522	1
523	514		523	1
524	514		524	1
525	514		525	1
526	514	CHAPTER TWO	526	2
527	514		527	2
528	514	A MERRY CHRISTMAS	528	2
529	514		529	2
530	514	Jo was the first to wake in the gray dawn of Christmas morn...	530	2
531	514	stockings hung at the fireplace, and for a moment she felt a...	531	2
532	514	disappointed as she did long ago, when her little sock fell d...	532	2
533	514	because it was crammed so full of goodies. Then she reme...	533	2

圖 4-5

4-5-3 符號化與刪除英文停用詞

延續範例 4-14，變數 Women_mutate 已增加行數與章節，接著函數 unnest_tokens 將文本符號化，如範例 4-15 共有 186,817 個字詞，再使用資料庫 stop_words 搭配函數 anti_join 刪除英文停用詞，使字詞縮減至 62,805 個。

■ 範例 4-15

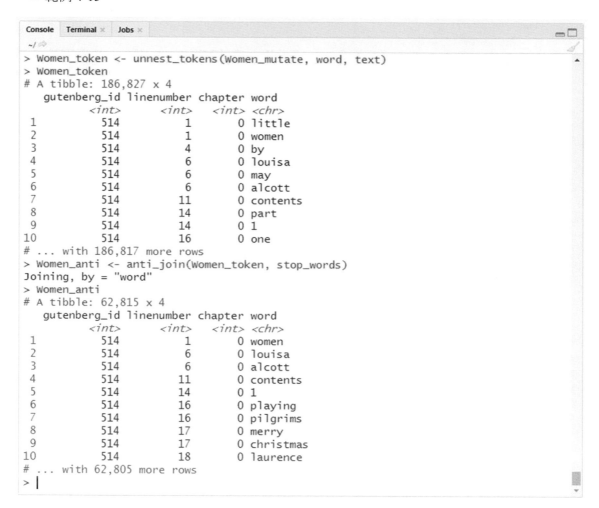

```
Console  Terminal ×  Jobs ×
~/

> Women_token <- unnest_tokens(Women_mutate, word, text)
> Women_token
# A tibble: 186,827 x 4
   gutenberg_id linenumber chapter word
          <int>      <int>   <int> <chr>
 1          514          1       0 little
 2          514          1       0 women
 3          514          4       0 by
 4          514          6       0 louisa
 5          514          6       0 may
 6          514          6       0 alcott
 7          514         11       0 contents
 8          514         14       0 part
 9          514         14       0 1
10          514         16       0 one
# ... with 186,817 more rows
> Women_anti <- anti_join(Women_token, stop_words)
Joining, by = "word"
> Women_anti
# A tibble: 62,815 x 4
   gutenberg_id linenumber chapter word
          <int>      <int>   <int> <chr>
 1          514          1       0 women
 2          514          6       0 louisa
 3          514          6       0 alcott
 4          514         11       0 contents
 5          514         14       0 1
 6          514         16       0 playing
 7          514         16       0 pilgrims
 8          514         17       0 merry
 9          514         17       0 christmas
10          514         18       0 laurence
# ... with 62,805 more rows
> |
```

4-5-4 情感分析

先決定英文情感詞庫，使用函數 inner_join 保留與詞庫相匹配的字詞，以下分別介紹 bing、afinn 與 nrc 詞典，以及三種詞典的比較，示範繪製情感文字雲。

一、bing 詞典

延續範例 4-15 變數 Women_anti，先與情感詞庫為 bing 匹配，發現原有的 62,809 個字詞，縮減至 12,973 個情感用詞。

■ 範例 4-16

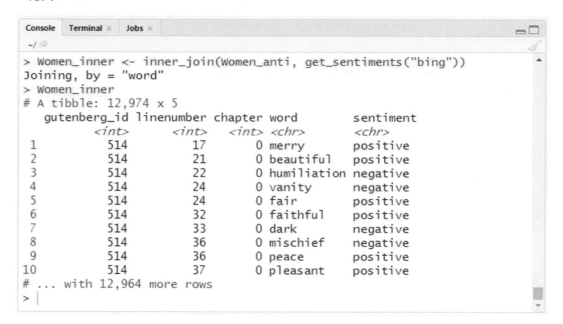

```
> Women_inner <- inner_join(Women_anti, get_sentiments("bing"))
Joining, by = "word"
> Women_inner
# A tibble: 12,974 x 5
   gutenberg_id linenumber chapter word        sentiment
          <int>      <int>   <int> <chr>       <chr>
 1          514         17       0 merry       positive
 2          514         21       0 beautiful   positive
 3          514         22       0 humiliation negative
 4          514         24       0 vanity      negative
 5          514         24       0 fair        positive
 6          514         32       0 faithful    positive
 7          514         33       0 dark        negative
 8          514         36       0 mischief    negative
 9          514         36       0 peace       positive
10          514         37       0 pleasant    positive
# ... with 12,964 more rows
>
```

範例 4-17 計算各章節的正、負向情感出現次數。例如第一章正向字詞有 125 個，負向字詞有 129 個。

■ 範例 4-17

```
> Women_count <- count(Women_inner, chapter, sentiment)
> Women_count
# A tibble: 96 x 3
   chapter sentiment    n
     <int> <chr>      <int>
 1        0 negative     7
 2        0 positive     7
 3        1 negative   129
 4        1 positive   125
 5        2 negative   126
 6        2 positive   143
 7        3 negative   111
 8        3 positive   107
 9        4 negative   197
10        4 positive   154
# ... with 86 more rows
>
```

　　範例 4-18 使用套件 tidyr 函數 spread，依 sentiment 顯示數量，缺失值設爲 0，更清楚知道各章節的正負情感字詞數。

■ 範例 4-18

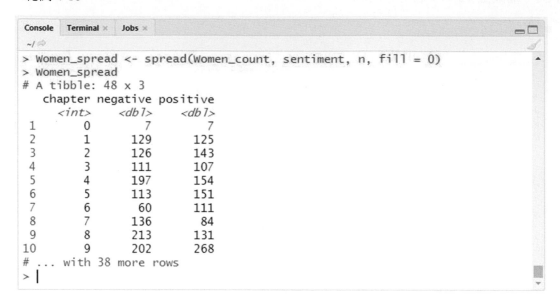

　　範例 4-19 使用函數 mutate 新增欄位 sentiment，計算各章情感分數（positive - negative）。

■ 範例 4-19

```
> Women_sentiment <- mutate(Women_spread, sentiment = positive - negative)
> Women_sentiment
# A tibble: 48 x 4
   chapter negative positive sentiment
     <int>    <dbl>    <dbl>     <dbl>
 1       0        7        7         0
 2       1      129      125        -4
 3       2      126      143        17
 4       3      111      107        -4
 5       4      197      154       -43
 6       5      113      151        38
 7       6       60      111        51
 8       7      136       84       -52
 9       8      213      131       -82
10       9      202      268        66
# ... with 38 more rows
> |
```

　　經上述處理，最後用範例 4-19 變數 Women_sentiment 來繪製各章節情感分析圖，如圖 4-6。

■ 範例 4-20

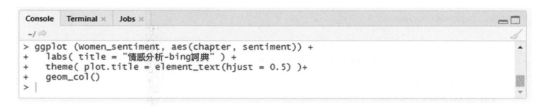

```
> ggplot (women_sentiment, aes(chapter, sentiment)) +
+   labs( title = "情感分析-bing詞典" ) +
+   theme( plot.title = element_text(hjust = 0.5) )+
+   geom_col()
> |
```

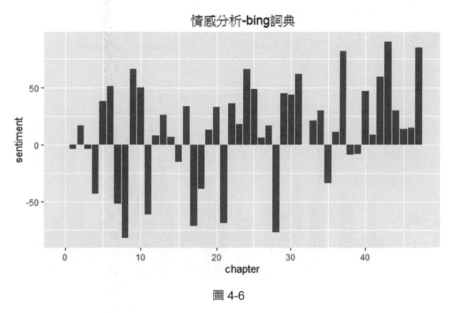

圖 4-6

程式碼說明：
1. 以 Women_sentiment 的 chapter 為 x 軸，sentiment 為 y 軸，繪製圖形。
2. 設定圖形的標題，也可再設定副標題、x 軸與 y 軸的名稱。
3. 設定標題置中。
4. 長條圖，以資料的值為高。

二、afinn 詞典

範例 4-21 程式的寫法與前面類似，但由於 afinn 詞典已將情感用詞評分為 –5 ～ 5 之間的數值，可直接依照各章節來加總情感分數，繪製情感分析圖，如圖 4-7。

■ 範例 4-21

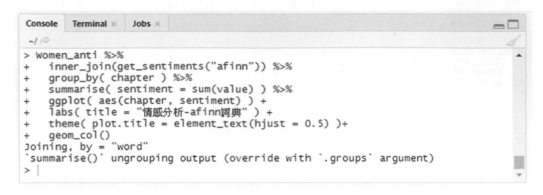

```
> Women_anti %>%
+   inner_join(get_sentiments("afinn")) %>%
+   group_by( chapter ) %>%
+   summarise( sentiment = sum(value) ) %>%
+   ggplot( aes(chapter, sentiment) ) +
+   labs( title = "情感分析-afinn詞典" ) +
+   theme( plot.title = element_text(hjust = 0.5) )+
+   geom_col()
Joining, by = "word"
`summarise()` ungrouping output (override with `.groups` argument)
>  |
```

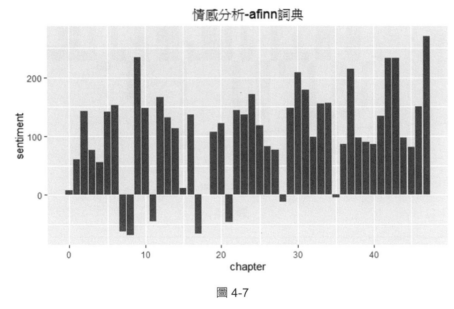

圖 4-7

程式碼說明：
1. Women_anti_join 已將文本符號化，刪除英文停用詞，開始匹配詞庫情感用詞。
2. 依照 chapter 分組。
3. 加總各組（章節）情感分數。

三、nrc 詞典

　　nrc 詞典分成十類情緒，範例 4-22 先用函數 filter 挑出 positive 與 negative 的情感用詞（%in% 用於判斷是否包含 positive 或 negative），再與文章匹配字詞，後續作法與 bing 詞典相似。

■ 範例 4-22

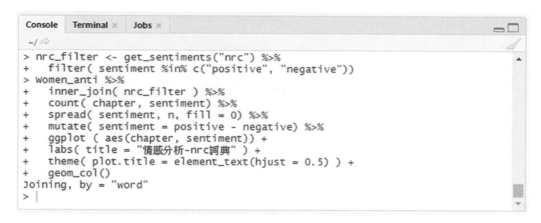

圖 4-8

nrc 詞典有憤怒（anger）、期待（anticipation）、厭惡（disgust）、恐懼（fear）、
快樂（joy）、悲傷（sadness）、驚訝（surprise）、信任（trust）、負向（negative）、
正向（positive）等十類情緒，可藉此了解各情緒在各章節的變化，如圖 4-9。

■ 範例 4-23

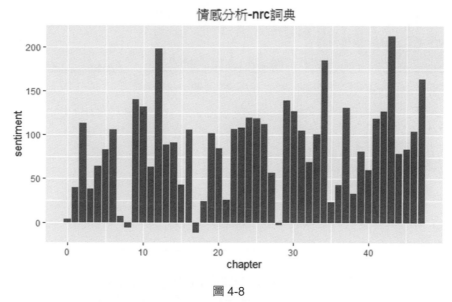

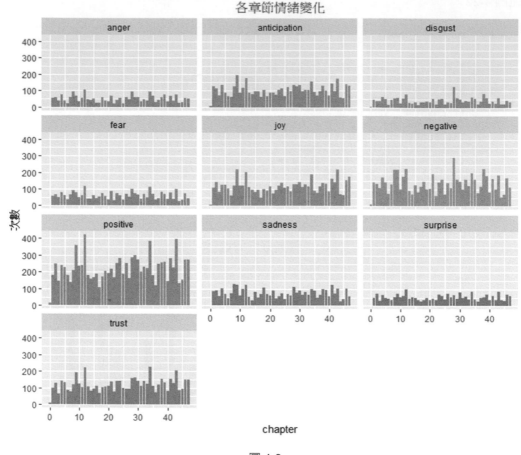

圖 4-9

程式碼說明：
1. 函數 filter 用於選擇觀察值，%in% 用於判斷是否包含 positive 或 negative。
2. 函數 facet_wrap 設定依變項 sentiment 分類，參數 ncol 設定圖形之列數。
3. 參數 show.legend 設定是否顯示圖例。

四、三種英文情感詞典的比較

　　將三種英文情感詞典之分析結果繪製成圖形，觀察其差異。請參考範例 4-24，利用函數 mutate 加入新變項「method」，以區分所使用的詞庫。最後再用函數 bind_rows 合併其分析結果，繪製各章節情感分析圖，如圖 4-10。

■ 範例 4-24

```
> bing <- Women_anti %>%
+    inner_join(get_sentiments("bing")) %>%
+    count( chapter , sentiment) %>%
+    spread( sentiment, n, fill = 0) %>%
+    mutate( sentiment = positive - negative) %>%
+    mutate(method = "bing")
Joining, by = "word"
> afinn <- Women_anti %>%
+    inner_join(get_sentiments("afinn")) %>%
+    group_by( chapter ) %>%
+    summarise(sentiment = sum(value)) %>%
+    mutate(method = "afinn")
Joining, by = "word"
`summarise()` ungrouping output (override with `.groups` argument)
> nrc <- Women_anti %>%
+    inner_join( get_sentiments("nrc") %>%
+                 filter( sentiment %in% c("positive", "negative"))) %>%
+    count( chapter, sentiment) %>%
+    spread( sentiment, n, fill = 0) %>%
+    mutate( sentiment = positive - negative) %>%
+    mutate(method = "nrc")
Joining, by = "word"
> bind_rows( bing, afinn, nrc) %>%
+    ggplot( aes(chapter, sentiment, fill = method) ) +
+    geom_col( show.legend = FALSE ) +
+    facet_wrap( ~method, ncol = 1, scales = "free_y" )
> |
```

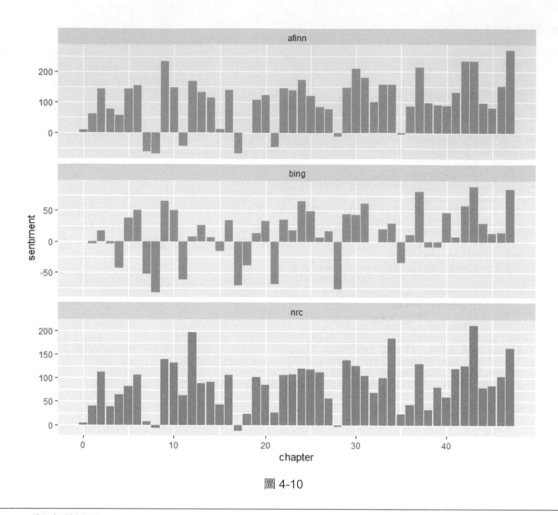

圖 4-10

程式碼說明：
1. 詞庫 bing 的情感分析，將前述用管線運算子整合在一起，最後新增變項「method」，以區分所使用的詞庫。
2. 詞庫 afinn 的情感分析，與詞庫匹配字詞後，依章節分組，計算情感分數。
3. 詞庫 nrc 的情感分析，從詞庫挑選出 positive 與 negative 的字詞，與文章匹配後，計算情感分數。
4. 函數 bind_rows 合併上述三種詞庫的情感分析結果，繪製各章節情感分析圖。函數 facet_wrap 設定依變項 method 分類，參數 ncol 設定圖形之列數，參數 scales 設定 x 軸與 y 軸是否固定比例，free_y 表示 y 軸非固定比例。

從圖 4-10 發現，因為詞庫 afinn 已有字詞的情感分數皆為 –5 ～ 5 之間，造成分析後的情感數值之絕對值較高；詞庫 bing 的正、負情緒字詞分別有 2005 與 4781 個，負向字詞相對較多；詞庫 nrc 的正、負情緒字詞分別有 2312 與 3324 個，分析結果正值較高。因此，詞庫 bing 的情緒起伏較為緩和，若以此做基準，會發現詞庫 afinn 的情緒變化較大，詞庫 nrc 的正向情緒值較高，雖然三種結果存在差異，但皆表達各章節的情感走向，整體上有相似的相對軌跡。

五、繪製情感文字雲

先查看小說裡常見的情感用詞，以詞庫 bing 為例，將其繪製成長條圖如範例 4-25。

■ 範例 4-25

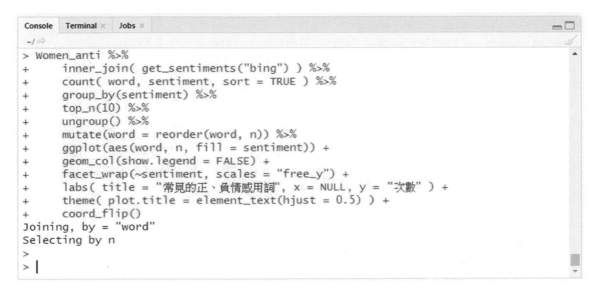

```
> Women_anti %>%
+     inner_join( get_sentiments("bing") ) %>%
+     count( word, sentiment, sort = TRUE ) %>%
+     group_by(sentiment) %>%
+     top_n(10) %>%
+     ungroup() %>%
+     mutate(word = reorder(word, n)) %>%
+     ggplot(aes(word, n, fill = sentiment)) +
+     geom_col(show.legend = FALSE) +
+     facet_wrap(~sentiment, scales = "free_y") +
+     labs( title = "常見的正、負情感用詞", x = NULL, y = "次數" ) +
+     theme( plot.title = element_text(hjust = 0.5) ) +
+     coord_flip()
Joining, by = "word"
Selecting by n
>
> |
```

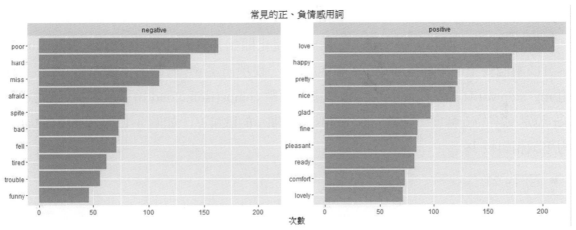

圖 4-11

從圖 4-11 發現，常見的負向情感用詞有「miss」，但小說裡大多是「小姐」的意思，必須將其刪除，故在資料庫 stop_words 新增停用詞，其做法如範例 4-26。

■ 範例 4-26

```
Console  Terminal ×  Jobs ×
~/
> my_stopwords <- tibble( word = "miss", lexicon = "stopword" ) %>%
+     bind_rows( stop_words)
> my_stopwords
# A tibble: 1,150 x 2
   word        lexicon
   <chr>       <chr>
 1 miss        stopword
 2 a           SMART
 3 a's         SMART
 4 able        SMART
 5 about       SMART
 6 above       SMART
 7 according   SMART
 8 accordingly SMART
 9 across      SMART
10 actually    SMART
# ... with 1,140 more rows
>
```

從範例 4-15 變數 Women_token 完成符號化開始，先利用函數 acast，將 sentiment 拆分成兩個變項（分別為 negative 與 positive，變項值為 n，有缺失值顯示為 0），再使用 my_stopwords 重新刪除停用詞，最後用函數 comparison.cloud 繪製文字雲（參數 rot. per 設定文字的旋轉度，參數 max.words 設定顯示的數量），如圖 4-12，可發現 negative 的用詞相對較少。

■ 範例 4-27

```
Console  Terminal ×  Jobs ×
~/
> women_token %>%
+     anti_join( my_stopwords) %>%
+     inner_join( get_sentiments("bing") ) %>%
+     count( word, sentiment , sort = TRUE ) %>%
+     acast( word ~ sentiment, value.var = "n", fill = 0 ) %>%
+     comparison.cloud( colors = c("red", "blue") ,rot.per = 0,max.words = 50)
Joining, by = "word"
Joining, by = "word"
>
```

圖 4-12

> 程式碼說明：
> 1. acast 將 sentiment 拆分成兩個變項（分別為 negative 與 positive），變項值為 n，若有缺失值顯示為 0。
> 2. comparison.cloud 用於繪製文字雲，參數 rot.per 設定文字的旋轉度，參數 max.words 設定顯示的數量。

4-5-6　字詞頻率

一、計算字詞頻率，繪製長條圖

　　從範例 4-14 變數 Women_anti 開始，利用管線運算子 %>% 一口氣計算字詞出現字詞頻率，再進行詞幹提取，最後繪製長條圖，得知《Little Women》的常用字詞，如圖 4-13。

■ 範例 4-28

```
> Women_anti %>%
+   count(word, sort = TRUE) %>%
+   head(20) %>%
+   mutate(word = reorder(word, n)) %>%
+   ggplot(aes(word, n)) +
+   geom_col(fill = "darkgray") +
+   labs(title = "Little Women常用的單字",
+       subtitle = " 62,809個單字(刪除停用詞)",
+       x = "單字" , y = "出現次數")+
+   theme( plot.title = element_text(hjust = 0.5) ,
+         plot.subtitle = element_text(hjust = 0.5)) +
+   coord_flip()
> |
```

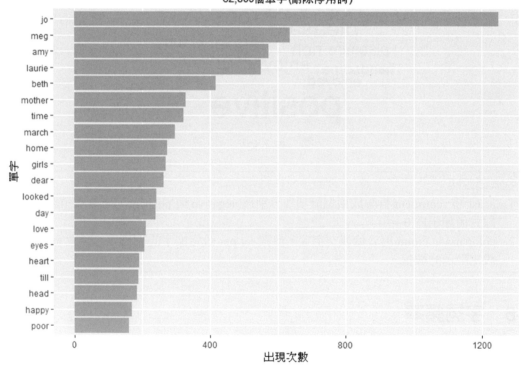

圖 4-13

程式碼說明：
1. 使用 Women_anti_join 數據。
2. 計算 word 出現次數，降冪排列。
3. 取出前 20 筆。
4. 依照 n 的順序，對 word 進行 factor 排序。
5. 以 x 軸為 word、y 軸為 n 來繪製圖形。
6. 設定圖形顏色為深灰色。
7. 設定標題、副標題、x 軸與 y 軸名稱。
8. 設定標題與副標題置中。
9. 翻轉座標（x 軸為垂直線，y 軸為水平線）。

二、計算 TF-IDF

TF-IDF 是文本探勘常用的加權技術，用於評估字詞的重要程度。在小說中，字詞的重要性與出現次數成正比增加，但又隨著在各章節出現的頻率成反比下降，藉此產生高權重的 TF-IDF，探索章節中的重要字詞。從範例 4-15 變數 Women_anti 篩選出小說各章節內容，再計算 TF-IDF，如範例 4-37。

■ 範例 4-29

```
Console  Terminal ×  Jobs ×                                              ─ □
~/ 
> Women_tf_idf <- Women_anti %>%
+   subset( chapter != 0 ) %>%
+   count( chapter , word) %>%
+   bind_tf_idf( word , chapter , n ) %>%
+   arrange( desc( tf_idf ))
> Women_tf_idf
# A tibble: 40,211 x 6
   chapter word           n      tf   idf  tf_idf
     <int> <chr>      <int>   <dbl> <dbl>   <dbl>
 1      45 demi          21  0.0253  2.06  0.0520
 2       7 limes         12  0.0127  3.85  0.0487
 3       7 davis         14  0.0148  2.75  0.0406
 4      31 fred          21  0.0165  2.24  0.0369
 5      10 pickwick      15  0.0111  3.16  0.0349
 6      10 club          12  0.00885 3.85  0.0341
 7      19 esther        12  0.0105  3.16  0.0333
 8      28 john          57  0.0291  1.14  0.0332
 9      38 john          45  0.0280  1.14  0.0319
10      10 snodgrass     11  0.00811 3.85  0.0312
# ... with 40,201 more rows
> |
```

程式碼說明：
1. Women_anti 已完成符號化與刪除英文停用詞。
2. 篩選 chapter 不為 0 的資料，也就是篩選出小說各章節內容。
3. 計算各章節字詞頻率。
4. 依章節計算 TF-IDF。
5. 依照 tf_idf 進行降冪排序。

範例 4-29 的執行結果發現有許多地點、人物名稱或專有名詞，這些都是章節中的重要字詞。接下來，試著對 word 進行 factor 排序，用函數 unique 刪除重複字詞，函數 rev 反轉順序，繪製長條圖，如圖 4-14。

■ 範例 4-30

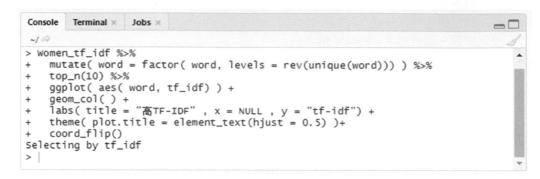

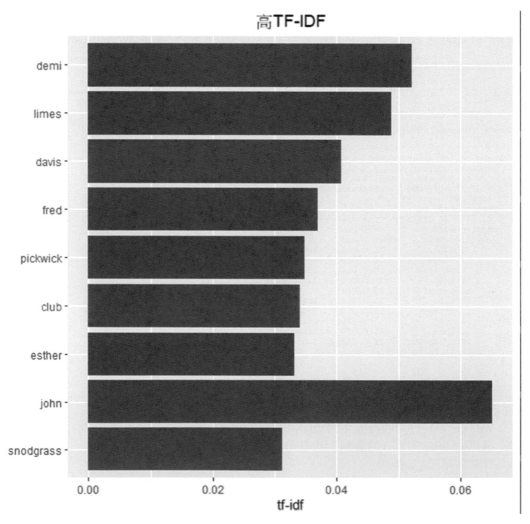

圖 4-14

┌───┐
│ 程式碼說明：   │
│ 1.　對 word 進行 factor 排序。函數 unique 用於刪除重複字詞；函數 rev 用於反轉順序。 │
└───┘

　　圖 4-14 中皆是章節的重要字詞，重複的字詞會計算 TF-IDF 的總和（例如：john 同時出現在第 28、38 章）。這時，可使用函數 unite 將 chapter 與 word 進行合併，以利於從圖形知道關鍵字來自哪一個章節。

■ 範例 4-31

```
> Women_tf_idf %>%
+   unite( n_word , chapter , word , sep= " ") %>%
+   mutate( n_word = factor( n_word, levels = rev(unique(n_word))) ) %>%
+   top_n(10) %>%
+   ggplot( aes( n_word, tf_idf) ) +
+   geom_col( ) +
+   labs( title = "章節的關鍵字(高TF-IDF)" , x = NULL , y = "tf-idf") +
+   theme( plot.title = element_text(hjust = 0.5) )+
+   coord_flip()
Selecting by tf_idf
> |
```

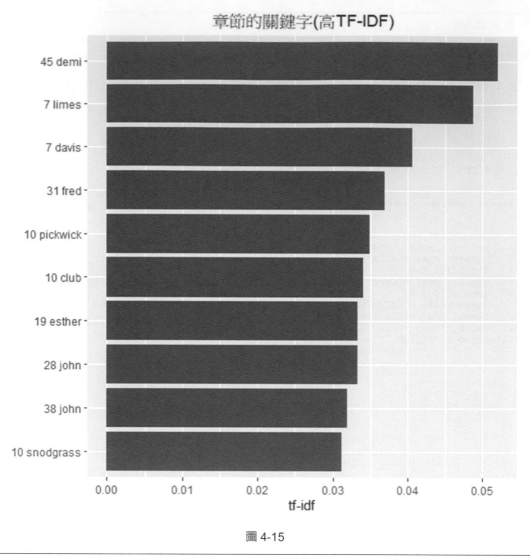

圖 4-15

程式碼說明：
1. 函數 unite 將 Women_tf_idf 中的 chapter 與 word 進行合併成 n_word。

4-5-7　練習

目前已學會探討單篇小說之情感分析，也瞭解如何計算 TF-IDF。《Little Women》與《Little Men》皆是路易莎·梅·奧爾科特之作品，請嘗試對這兩本書進行情感分析（使用 bing 詞典），探索兩本小說中的重要字詞（計算 TF-IDF）。

■ 參考答案

```
> Women_mutate <- gutenberg_download( 514 ) %>%
+   mutate( chapter = cumsum( str_detect( text, regex( "^chapter ", ignore_case =
  TRUE))), book = "Little Women")
> Men_mutate <- gutenberg_download( 2788 ) %>%
+   mutate( chapter = cumsum( str_detect( text, regex( "^chapter ", ignore_case =
  TRUE))), book = "Little Men")
> Books <- bind_rows( Women_mutate, Men_mutate) %>%
+   subset( chapter != 0 ) %>%
+   unnest_tokens( word, text) %>%
+   anti_join( stop_words)
Joining, by = "word"
> Books %>%
+   inner_join( get_sentiments("bing") ) %>%
+   count( book , chapter , sentiment) %>%
+   spread( sentiment, n, fill = 0) %>%
+   mutate( sentiment = positive - negative) %>%
+   ggplot( aes(chapter, sentiment, fill = book) ) +
+   geom_col( show.legend = FALSE ) +
+   facet_wrap( ~book, ncol = 2, scales = "free_x" ) +
+   labs( title = "情感分析" ) +
+   theme( plot.title = element_text(hjust = 0.5) )
Joining, by = "word"
> Books %>%
+   count( book , word ,sort = TRUE) %>%
+   bind_tf_idf( word , book , n ) %>%
+   arrange( desc( tf_idf )) %>%
+   mutate( word = factor( word, levels = rev(unique(word))) ) %>%
+   group_by( book ) %>%
+   top_n(10) %>%
+   ungroup() %>%
+   ggplot( aes( word, tf_idf , fill = book) ) +
+   geom_col( show.legend = FALSE ) +
+   facet_wrap( ~book, ncol = 2, scales = "free" ) +
+   labs( title = "TF-IDF" , x = NULL , y = "tf-idf") +
+   theme( plot.title = element_text(hjust = 0.5) )+
+   coord_flip()
Selecting by tf_idf
> |
```

◆ 情感分析

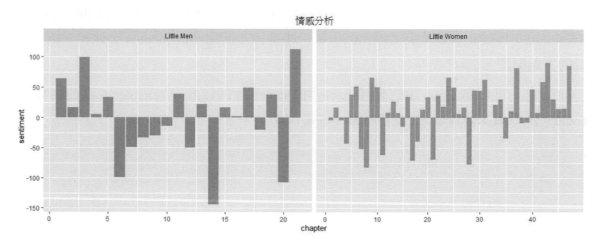

圖 4-16

◆ 重要字詞

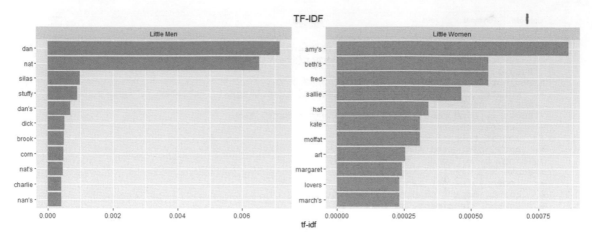

圖 4-17

程式碼說明：
1. 下載 Little Women 小說，新增變項 chapter 與 book。
2. 下載 Little Men 小說，新增變項 chapter 與 book。
3. 函數 bind_rows 用於合併兩本小說，再篩選 chapter 不爲 0 的資料（篩選出各章節內容）、符號化與刪除英文停用詞。
4. 保留與情感詞庫 bing 相匹配的字詞，依書名計算各章節情感用詞出現次數，再計算情感分數。以 chapter 爲 x 軸，sentiment 爲 y 軸，依 book 堆疊顯示，此爲情感分析圖。
5. 依書名計算字詞出現次數，計算 TF-IDF 並降冪排序，顯示兩本書前十筆高 TF-IDF 的字詞。

4-5-8 主題模型

在 4-5-7 小節的練習題中，變數 Book 已經合併《Little Women》與《Little Men》共兩本小說、符號化與刪除英文停用詞，接下來進一步使用 topicmodels 套件建立兩本小說的主題模型。

首先，將變數 Book 中的變項 book 與 chapter 合併成 book_chapter，再使用函數 count，計算兩本書各章節的字詞頻率，如範例 4-32。

■ 範例 4-32

```
Console  Terminal ×  Jobs ×                                              — □
~/ 
> Books_count <- Books %>%
+     unite(book_chapter, book, chapter) %>%
+     count(book_chapter, word, sort = TRUE)
> Books_count
# A tibble: 61,031 x 3
   book_chapter     word       n
   <chr>            <chr>  <int>
 1 Little Men_12    nan       85
 2 Little Men_6     dan       74
 3 Little Women_9   meg       70
 4 Little Men_5     daisy     67
 5 Little Men_14    dan       65
 6 Little Men_14    nat       61
 7 Little Women_8   jo        61
 8 Little Women_21  jo        60
 9 Little Men_3     nat       57
10 Little Women_12  jo        57
# ... with 61,021 more rows
> |
```

範例 4-33 使用套件 tidytext 函數 cast_dtm 將變數轉換成詞彙文檔矩陣，並利用 tm 套件函數 inspect 查看其內容。

■ 範例 4-33

```
Console  Terminal ×  Jobs ×                                              — □
~/ 
> Books_dtm <- Books_count %>%
+     cast_dtm(book_chapter, word, n)
> inspect(Books_dtm)
<<DocumentTermMatrix (documents: 68, terms: 12660)>>
Non-/sparse entries: 61031/799849
Sparsity            : 93%
Maximal term length: 49
Weighting           : term frequency (tf)
Sample              :
                Terms
Docs             amy beth bhaer boys jo laurie looked meg mother time
  Little Men_12    0    0    15   10 34     0      5   0     17   11
  Little Men_14    0    0    33   24  9     0     17   0      1    6
  Little Men_20    0    0     3   30 14     0     12   2     13   13
  Little Men_21    2    0    11   14 21     9      5   3      4    6
  Little Men_3     0    0    39   17  4     1      6   0      7   10
  Little Men_5     0    0    10   12 39     0      6   0      3   11
  Little Men_6     0    0    38   24  7     0      7   0      1   10
  Little Women_12 10   19     0   10 57    29     10  38      6   13
  Little Women_43 28    3    11    1 56    26     12   2      5    9
  Little Women_9   3    4     0    0 20    23     11  70     19   16
> |
```

　　套件 topicmodels 函數 LDA 對已轉換成 dtm 矩陣的變數 Books_dtm 建立主題模型，設定模型將生成兩個主題，顯示主題中最常見的前十個字詞，如範例 4-34。

■ 範例 4-34

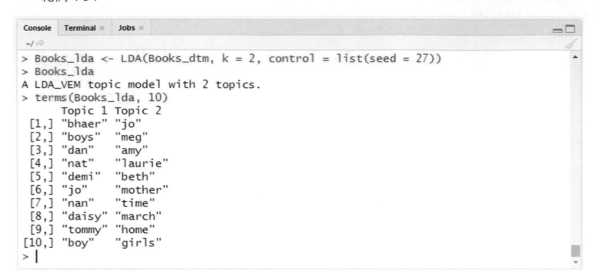

```
Console  Terminal ×  Jobs ×
~/
> Books_lda <- LDA(Books_dtm, k = 2, control = list(seed = 27))
> Books_lda
A LDA_VEM topic model with 2 topics.
> terms(Books_lda, 10)
      Topic 1 Topic 2
 [1,] "bhaer" "jo"
 [2,] "boys"  "meg"
 [3,] "dan"   "amy"
 [4,] "nat"   "laurie"
 [5,] "demi"  "beth"
 [6,] "jo"    "mother"
 [7,] "nan"   "time"
 [8,] "daisy" "march"
 [9,] "tommy" "home"
[10,] "boy"   "girls"
> |
```

　　範例 4-35 將每個主題前十個關鍵字圖示化，其中「beta」代表此字詞出現的機率，如圖 4-18。

■ 範例 4-35

```
Console  Terminal ×  Jobs ×
~/
> Books_lda %>%
+   tidy(matrix = "beta") %>%
+   group_by( topic ) %>%
+   top_n( 10, beta ) %>%
+   ungroup() %>%
+   arrange( topic, -beta ) %>%
+   mutate( term = reorder_within( term, beta, topic) ) %>%
+   ggplot( aes( term, beta, fill = factor(topic)) ) +
+   geom_col( show.legend = FALSE ) +
+   facet_wrap( ~ topic, scales = "free" ) +
+   coord_flip() +
+   scale_x_reordered()
> |
```

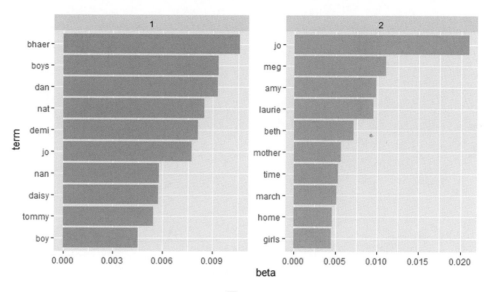

圖 4-18

　　接著，將分析出來的主題模型依照作品進行分類。前面所使用的方法是以章節來尋找主題，那就試著將各章節的主題放回原本的作品之中。如範例 4-36，先查看其機率，最後繪製成圖形，如圖 4-19。

■ 範例 4-36

```
> Books_gamma <- tidy(Books_lda, matrix = "gamma") %>%
+     separate(document, c("title", "chapter"), sep = "_", convert = TRUE)
> Books_gamma
# A tibble: 136 x 4
   title        chapter topic    gamma
   <chr>          <int> <int>    <dbl>
 1 Little Men        12     1 1.00
 2 Little Men         6     1 1.00
 3 Little Women       9     1 0.0000230
 4 Little Men         5     1 1.00
 5 Little Men        14     1 1.00
 6 Little Women       8     1 0.0000345
 7 Little Women      21     1 0.0000346
 8 Little Men         3     1 1.00
 9 Little Women      12     1 0.0000182
10 Little Women      28     1 0.0000245
# ... with 126 more rows
> Books_gamma %>%
+     mutate(title = reorder(title, gamma * topic)) %>%
+     ggplot(aes(factor(topic), gamma)) +
+     geom_boxplot() +
+     facet_wrap(~title)
> |
```

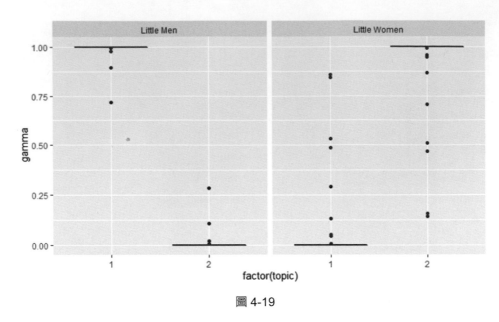

圖 4-19

從圖 4-19 發現，《Little Women》與《Little Men》大多數的章節都被歸類於單一主題，主題一為《Little Men》，主題二為《Little Women》，再進一步尋找容易被誤認的章節。從範例 4-36 變數 Books_gamma 篩選兩本書各章節最大的 beta 值，查看所對應的主題，範例 4-37 發現《Little Women》第 10、34、45 章被分類到主題一，誤差還在接受範圍內。

■ 範例 4-37

```
Console  Terminal ×  Jobs ×
~/ ⏎
> Books_classifications <- Books_gamma %>%
+ group_by(title, chapter) %>%
+ top_n(1, gamma) %>%
+ ungroup()
> Books_classifications
# A tibble: 68 x 4
   title         chapter topic gamma
   <chr>          <int> <int>  <dbl>
 1 Little Men        12     1   1.00
 2 Little Men         6     1   1.00
 3 Little Men         5     1   1.00
 4 Little Men        14     1   1.00
 5 Little Men         3     1   1.00
 6 Little Men         1     1   1.00
 7 Little Women      34     1  0.522
 8 Little Men        16     1   1.00
 9 Little Men        10     1   1.00
10 Little Men         4     1  0.996
# ... with 58 more rows
> Books_topics <- Books_classifications %>%
+     count(title, topic) %>%
+     group_by(title) %>%
+     top_n(1, n) %>%
+     ungroup() %>%
+     transmute(consensus = title, topic)
> Books_topics
# A tibble: 2 x 2
  consensus     topic
  <chr>         <int>
1 Little Men        1
2 Little Women      2
> Books_classifications %>%
+     inner_join(Books_topics, by = "topic") %>%
+     filter(title != consensus)
# A tibble: 3 x 5
  title         chapter topic gamma consensus
  <chr>          <int> <int>  <dbl> <chr>
1 Little Women      34     1  0.522 Little Men
2 Little Women      45     1  0.860 Little Men
3 Little Women      10     1  0.843 Little Men
> |
```

4-6　英文小說── n 元語法

前面已探討情感分析與單字間的關係，接著來介紹 n 元語法（n-gram），也就是 n 個單字數，觀察哪些單字會跟隨另一單字出現，檢視單字之間的關係。

路易莎·梅·奧爾科特所創作的《Little Women》與《Little Men》，其古騰堡 ID 分別為 514 與 2788，範例 4-38 下載此兩篇小說，新增書名，合併成一個資料框，如圖 4-20。下載此兩篇小說，新增書名，合併成一個資料框。

■ 範例 4-38

```
Console  Terminal ×  Jobs ×
~/
> Women <- gutenberg_download(514) %>% mutate (book = "Little Women")
> Men <- gutenberg_download(2788) %>% mutate(book = "Little Men")
> Books <- bind_rows(Women, Men)
> View(Books)
> |
```

	gutenberg_id	text	book
1	514	LITTLE WOMEN	Little Women
2	514		Little Women
3	514		Little Women
4	514	by	Little Women
5	514		Little Women
6	514	Louisa May Alcott	Little Women
7	514		Little Women
8	514		Little Women
9	514		Little Women
10	514		Little Women
11	514	CONTENTS	Little Women
12	514		Little Women

Showing 1 to 13 of 32,210 entries, 3 total columns

圖 4-20

4-6-1　bigrams 二元語法

函數 unnest_tokens 的文本符號化功能，加入參數 token = "ngrams"，設 n 為單字數，就成為 n 元語法。例如設 n 為 2 會以兩個單字為一對，稱為二元語法（bigram）。範例 4-39 將文本符號化成二元語法，列出作者常用的字詞。

■ 範例 4-39

```
Console  Terminal ×  Jobs ×                                              ─□
~/ ⬚

> Books_ngrams <- Books %>%
+     unnest_tokens(bigrams, text, token = "ngrams", n = 2)
> Books_ngrams
# A tibble: 292,534 x 3
   gutenberg_id book          bigrams
          <int> <chr>          <chr>
 1          514 Little Women  little women
 2          514 Little Women  women by
 3          514 Little Women  by louisa
 4          514 Little Women  louisa may
 5          514 Little Women  may alcott
 6          514 Little Women  alcott contents
 7          514 Little Women  contents part
 8          514 Little Women  part 1
 9          514 Little Women  1 one
10          514 Little Women  one playing
# ... with 292,524 more rows
> Books_ngrams %>% count(bigrams, sort = TRUE)
# A tibble: 123,960 x 2
   bigrams       n
   <chr>     <int>
 1 in the     1022
 2 of the     1000
 3 with a      655
 4 and the     600
 5 to the      558
 6 to be       498
 7 in a        485
 8 and i       476
 9 it was      473
10 on the      459
# ... with 123,950 more rows
> |
```

4-6-2　刪除停用詞

　　範例 4-39 發現常見的二元語法，但 in the、of the 等等，在分析時並無意義，應搭配停用詞將其刪除。作法如範例 4-40，函數 separate 將二元語法切割成 word1 與 word2，搭配資料庫 stop_words 來刪除。刪除後，再用函數 unite 將 word1 與 word2 合併回 bigrams。

■ 範例 4-40

```
Console   Terminal ×   Jobs ×                                    ─ ☐
~/ ⇗
> Books_separated <- Books_ngrams %>%
+   separate( bigrams, c("word1", "word2"), sep = " ")%>%
+   filter(!word1 %in% stop_words$word) %>%
+   filter(!word2 %in% stop_words$word)
> Books_separated
# A tibble: 26,551 x 4
   gutenberg_id book         word1     word2
          <int> <chr>        <chr>     <chr>
 1          514 Little Women alcott    contents
 2          514 Little Women playing   pilgrims
 3          514 Little Women merry     christmas
 4          514 Little Women laurence  boy
 5          514 Little Women palace    beautiful
 6          514 Little Women amy's     valley
 7          514 Little Women jo        meets
 8          514 Little Women meets     apollyon
 9          514 Little Women vanity    fair
10          514 Little Women fair      ten
# ... with 26,541 more rows
> Books_unite <- Books_separated %>%
+   unite( bigrams, word1, word2, sep = " " )
> Books_unite
# A tibble: 26,551 x 3
   gutenberg_id book         bigrams
          <int> <chr>        <chr>
 1          514 Little Women alcott contents
 2          514 Little Women playing pilgrims
 3          514 Little Women merry christmas
 4          514 Little Women laurence boy
 5          514 Little Women palace beautiful
 6          514 Little Women amy's valley
 7          514 Little Women jo meets
 8          514 Little Women meets apollyon
 9          514 Little Women vanity fair
10          514 Little Women fair ten
# ... with 26,541 more rows
> Books_unite %>%
+   count( bigrams, sort = TRUE )
# A tibble: 22,725 x 2
   bigrams          n
   <chr>        <int>
 1 aunt march      77
 2 aunt jo         51
 3 cried jo        51
 4 jo looked       24
 5 uncle fritz     22
 6 uncle teddy     22
 7 miss march      20
 8 father bhaer    19
 9 returned jo     19
10 cried nat       17
# ... with 22,715 more rows
> |
```

4-6-3 計算二元語法之 TF-IDF

範例 4-41 將計算 TF-IDF，探索兩本書的重要二元語法，繪製成長條圖，如圖 4-21。

■ 範例 4-41

```
> Books_tf_idf <- Books_unite %>%
+     count( book , bigrams) %>%
+     bind_tf_idf( bigrams, book, n) %>%
+     arrange( desc(tf_idf) )
> Books_tf_idf
# A tibble: 23,299 x 6
   book          bigrams          n      tf    idf   tf_idf
   <chr>         <chr>        <int>   <dbl>  <dbl>    <dbl>
 1 Little Men    aunt jo         51 0.00544 0.693 0.00377
 2 Little Women  aunt march      77 0.00448 0.693 0.00311
 3 Little Women  cried jo        51 0.00297 0.693 0.00206
 4 Little Men    uncle fritz     22 0.00235 0.693 0.00163
 5 Little Men    cried nat       17 0.00181 0.693 0.00126
 6 Little Men    cried daisy     16 0.00171 0.693 0.00118
 7 Little Men    dan looked      14 0.00149 0.693 0.00103
 8 Little Men    miss crane      13 0.00139 0.693 0.000961
 9 Little Men    cried nan       11 0.00117 0.693 0.000813
10 Little Women  miss march      20 0.00116 0.693 0.000807
# ... with 23,289 more rows
> Books_tf_idf %>%
+     mutate( bigrams = factor( bigrams, levels = rev(unique(bigrams)))) %>%
+     group_by( book ) %>%
+     top_n(10) %>%
+     ungroup() %>%
+     ggplot( aes( bigrams, tf_idf , fill = book) ) +
+     geom_col( show.legend = FALSE ) +
+     facet_wrap( ~book, ncol = 2, scales = "free" ) +
+     labs( title = "TF-IDF" , x = NULL ) +
+     theme( plot.title = element_text(hjust = 0.5) )+
+     coord_flip()
Selecting by tf_idf
>
```

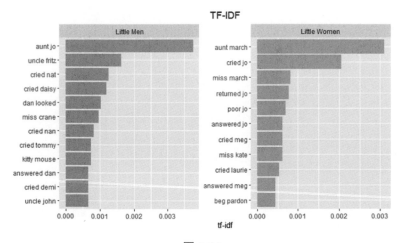

圖 4-21

4-6-4 情感分析與二元語法

在 4-5-4 小節關於《Little Women》的情感分析中，只計算正、負向情感用詞出現次數，忽視上下文的影響，例如「not like」與「no good」等句子，因為出現 like 與 good 字詞，皆會被視為正向情感用詞。在二元語法中，可以輕易找出前面有否定用詞的情感字詞，改善情感分析的評分，使結果更加準確。

範例 4-38 的變數 Women 下載完整小說《Little Women》，將其符號化成二元語法，再尋找前面有 not 與 no 的單字，計算其出現次數。

■ 範例 4-42

```
Console   Terminal ×   Jobs ×                                          □□
~/ ⌘
> Women_ngrams <- Women %>%
+     unnest_tokens( bigrams, text , token = "ngrams", n = 2 )
> negation_words <- c("no", "not")
> Women_ngrams %>%
+     separate( bigrams, c("word1", "word2"), sep = " ") %>%
+     filter( word1  %in%  negation_words ) %>%
+     count( word1, word2, sort = TRUE )
# A tibble: 589 x 3
   word1 word2      n
   <chr> <chr> <int>
 1 no    one       97
 2 not   to        66
 3 not   a         47
 4 no    more      28
 5 no    i         24
 6 not   be        20
 7 not   been      18
 8 not   only      18
 9 not   in        16
10 not   have      15
# ... with 579 more rows
> |
```

修改範例 4-42 的程式碼，不急著用函數 count 計算次數，改成先用函數 inner_join 保留 word2 與 afinn 詞庫相匹配的字詞，便可找出前面有 not 與 no 的情感用詞，再計算其出現次數。最後，新增變數 contribution，此為詞典情感評分與出現次數相乘，取其絕對值降冪排列，如範例 4-43。

■ 範例 4-43

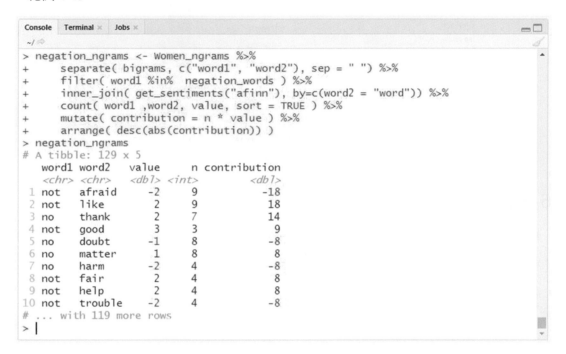

範例 4-43 總共找到 129 個前面有 not 與 no 的情感用詞，也就是在計算情感分數時，至少有 129 個提供錯誤的分數，若再增加更多否定用詞，或許可以找出更多錯誤。接下來，將其繪製成長條圖，如圖 4-22，查看哪些情感用詞在分析時出現較大的錯誤。

■ 範例 4-44

```
Console  Terminal ×  Jobs ×                                    ─□
~/ ⤶
> negation_ngrams %>%
+     group_by( word1 ) %>%
+     top_n( 10 , abs(contribution)) %>%
+     ungroup() %>%
+     mutate( word_sort = word1) %>%
+     unite( word , word1 , word2 , sep= " ") %>%
+     mutate( word = reorder(word, contribution) ) %>%
+     ggplot( aes(word, contribution , fill = contribution > 0) ) +
+     facet_wrap( ~word_sort, ncol = 2, scales = "free_y" ) +
+     geom_col(show.legend = FALSE) +
+     labs( title = "以no或not開頭的情感用詞", x = NULL ,y ="情感評分*出現次數" )+
+     theme( plot.title = element_text(hjust = 0.5) )+
+     coord_flip()
> |
```

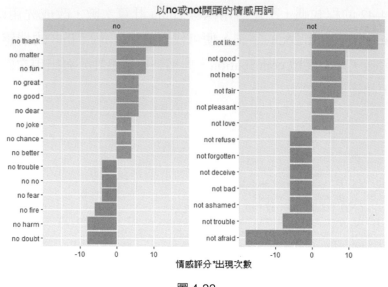

圖 4-22

4-6-5　繪製網絡圖

範例 4-42 變數 Women_ngrams 將文本符號化成二元語法，接著範例 4-45 刪除停用詞，計算其出現次數，依照需求篩選常見的用詞組合。

■ 範例 4-45

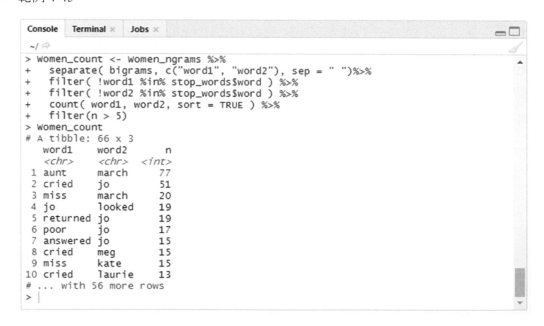

程式碼說明：
1. Women_ngrams 已將小說文本符號化成二元語法。
2. 函數 separate 將二元語法 bigrams 切割成 word1 與 word2。
3. 刪除 word1 停用詞。
4. 刪除 word2 停用詞。
5. 計算出現次數，降冪排列。
6. 篩選次數大於 5 的組合，用於繪製網絡圖。

套件 igraph 函數 graph_from_data_frame 可將範例 4-45 變數 Women_count 所篩選的資料建構成網絡，如範例 4-46。

■ 範例 4-46

```
Console   Terminal ×   Jobs ×                                            □ □
~/

> Women_graph <- graph_from_data_frame( Women_count )
> Women_graph
IGRAPH e9244b2 DN-- 73 66 --
+ attr: name (v/c), n (e/n)
+ edges from e9244b2 (vertex names):
 [1] aunt     ->march     cried   ->jo       miss     ->march
 [4] jo       ->looked    returned->jo       poor     ->jo
 [7] answered->jo         cried   ->meg      miss     ->kate
[10] cried    ->laurie    answered->meg      beg      ->pardon
[13] added    ->jo        brown   ->eyes     chapter ->thirty
[16] chapter ->twenty     jo      ->dear     aunt     ->march's
[19] cried    ->amy       jo      ->decidedly replied ->meg
[22] returned->laurie     shook   ->hands    sighed  ->meg
+ ... omitted several edges
> |
```

最後搭配套件 ggraph，即可繪製網絡圖，如圖 4-23。

■ 範例 4-47

```
Console   Terminal ×   Jobs ×                                            □ □
~/

> set.seed(16)
> Women_graph %>%
+   ggraph( layout = "fr" ) +
+   geom_node_point( color = "lightblue", size = 5 ) +
+   geom_edge_link( aes(edge_alpha = n , edge_width = n),
+                   arrow = arrow( type = "open",
+                                  length = unit(.1, "inches") ),
+                   start_cap = circle( .15, 'inches'),
+                   end_cap = circle( .15, 'inches'),
+                   show.legend = FALSE) +
+   geom_node_text( aes(label = name ), size = 5.5, repel=T ) +
+   theme_void()
> |
```

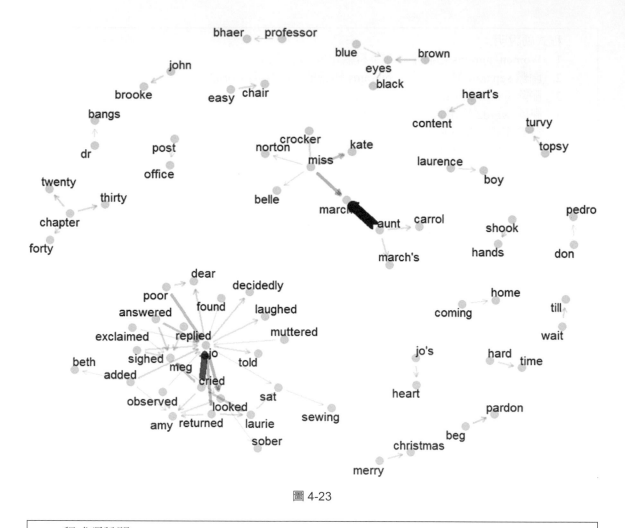

圖 4-23

程式碼說明：

1. 參數 layout 提供多種圖形佈局方式，例如：star、circle、gem、dh、graphopt、grid、mds、randomly、fr、kk、drl、lgl 等。

2. 函數 geom_node_point，設定節點顏色與大小。

3. 函數 geom_edge_link，設定節點間的連線。

    a. 參數 edge_alpha 定義新的 alpha 比例，會出現顏色深淺變化。

    b. 參數 edge_width 定義寬度比例，會出現粗細變化。

    c. 參數 arrow 設定箭頭，type 為種類，length 為大小。

    d. 參數 start_cap 與 end_cap 設定連線與節點的距離。

    e. 參數 show.legend 設定是否顯示圖例。

4. 函數 geom_node_text，設定節點的標籤，參數 repel 避免標籤重疊。

5. 函數 theme_void()，隱藏座標軸資訊。

4-7 中文小說分析──三國演義

中文小說與英文小說的分析方式相似，英文小說能將文本符號化，但中文小說必須進行中文斷詞，顯示中文詞庫的重要性。

4-7-1 下載小說詞庫

關於中文小說的詞庫，可以參考搜狗詞庫（https://pinyin.sogou.com/dict/），雖然為簡體網站，但 R 語言可進行繁簡體字的轉換。以《三國演義》的詞庫為例，進入網站，搜尋「三國演義」，點選「三國演義【官方推荐】」的「立即下載」，如圖 4-24。

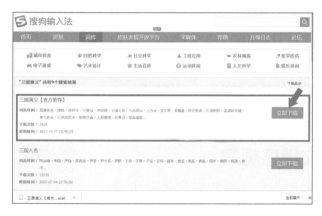

圖 4-24

文件名稱為「三國演義【官方推荐】.scel」，但 scel 無法直接使用，雖然 R 語言 cidian 套件提供讀取 scel 文件之功能，但未經過 CRAN 發佈，安裝步驟繁瑣，所以不建議使用此套件。GOOGLE 搜尋「搜狗詞庫 scel 轉 txt」，愛資料工具網站（https://www.toolnb.com/tools-lang-zh-TW/scelto.html）提供轉檔服務，將文件上傳可立即獲得內容，點選「打包全部」，如圖 4-25。

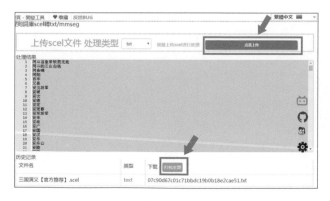

圖 4-25

下載檔案爲壓縮檔，解壓縮得到「三國演義【官方推荐】.scel. 轉換 text.text」之文件，內容是簡體中文。利用套件 tmcn 將簡體字轉繁體字，即可獲得《三國演義》之詞庫，如範例 4-48。

■ 範例 4-48

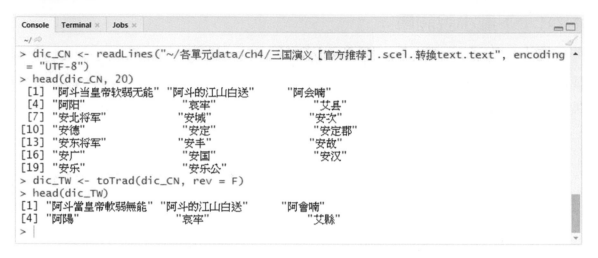

4-7-2　建立中文情感詞庫

4-4-2 小節中已介紹套件 tmcn 的資料庫 NTUSD，以此建立中文情感詞庫，如範例 4-49。

■ 範例 4-49

```
> data(NTUSD)
> NTUSD_positive <- tibble( word=NTUSD$positive_cht ,sentiment = "positive")
> NTUSD_negative <- tibble( word=NTUSD$negative_cht ,sentiment = "negative")
> NTUSD_sentiment <- rbind( NTUSD_positive , NTUSD_negative)
> NTUSD_sentiment
# A tibble: 11,087 x 2
   word        sentiment
   <chr>       <chr>
 1 一帆風順    positive
 2 一帆風順的  positive
 3 一流        positive
 4 一致        positive
 5 一致的      positive
 6 了不起      positive
 7 了不起的    positive
 8 瞭解        positive
 9 人性        positive
10 人性的      positive
# ... with 11,077 more rows
> |
```

4-7-3 下載小說、新增變項（段落與章節）

　　《三國演義》是中國第一部長篇歷史章回小說，作者爲羅貫中，其內容虛實結合，是根據歷史事實改編之小說，在古騰堡網站的書本 ID 爲 23950，範例 4-50 將小說下載後，根據空行建立變項 part，以「第 _ 回」建立變項 chapter。

■ 範例 4-50

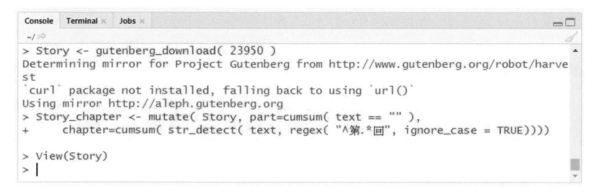

圖 4-26

4-7-4 建立中文斷詞工具

　　英文小說分析時，利用函數 unnest_tokens 將文本符號化，每個單字一個詞，但中文爲複數個字爲一個詞，例如：劉備、關羽與張飛等。因此，中文小說文本符號化前，必須先使用 jiebaR 套件建立斷詞工具，新增小說詞庫與情感詞庫，建立用於中文符號化的function（如範例 4-51 的 token_function），達到中文符號化的效果。

■ 範例 4-51

```
Console   Terminal ×   Jobs ×                                    ─□
~/ 
> cutter <- worker()
> new_user_word( cutter , dic_TW )
[1] TRUE
> new_user_word( cutter , NTUSD_sentiment$word )
[1] TRUE
> token_function <- function(t) {
+   lapply(t, function(x) {
+     tokens <- segment(x, cutter)
+     return(tokens)})
+ }
> |
```

4-7-5　中文文本符號化

範例 4-52 函數 unnest_tokens 搭配函數 token_function（範例 4-51 自建 function）將中文文本符號化，再篩選出字符數大於 1 的詞，總共有 169,692 個字詞。

■ 範例 4-52

```
Console   Terminal ×   Jobs ×                                              ─□
~/ 
> Story_tokens <- Story_chapter %>%
+     unnest_tokens( word, text, token = token_function) %>%
+     subset( nchar(word) > 1)
> Story_tokens
# A tibble: 169,702 x 4
   gutenberg_id  part  chapter  word
          <int> <int>    <int>  <chr>
 1        23950     0        1  第一回
 2        23950     0        1  桃園
 3        23950     0        1  豪傑
 4        23950     0        1  結義
 5        23950     0        1  斬黃巾英雄首立功
 6        23950     1        1  詞曰
 7        23950     2        1  滾滾
 8        23950     2        1  江東
 9        23950     2        1  逝水
10        23950     2        1  浪花
# ... with 169,692 more rows
> |
```

4-7-6　情感分析—— NTUSD 詞庫

範例 4-52 變數 Story_tokens 已將文本符號化，共有 169,692 個字詞，接著進行情感分析。範例 4-53 先使用函數 inner_join 保留與 NTUSD 詞庫相匹配的字詞，縮減至 11,492 個情感用詞。

■ 範例 4-53

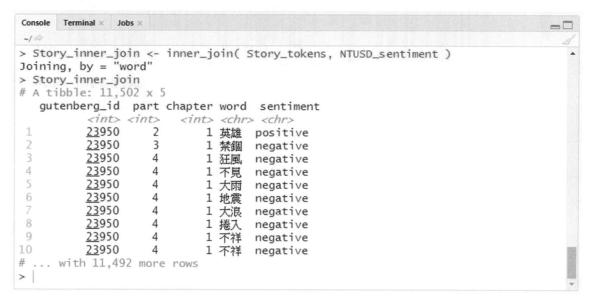

範例 4-54 計算各章節的正、負向情感出現次數，計算情感分數（positive - negative），再繪製各章節情感分析圖，如圖 4-27。

■ 範例 4-54

```
> Story_inner_join %>%
+     count(chapter , sentiment) %>%
+     spread( sentiment, n, fill = 0) %>%
+     mutate( sentiment = positive - negative) %>%
+     ggplot ( aes(chapter, sentiment) ) +
+     labs( title = "情感分析-NTUSD" , x="章節", y = "情感分數") +
+     theme( plot.title = element_text(hjust = 0.5) )+
+     geom_col()
> |
```

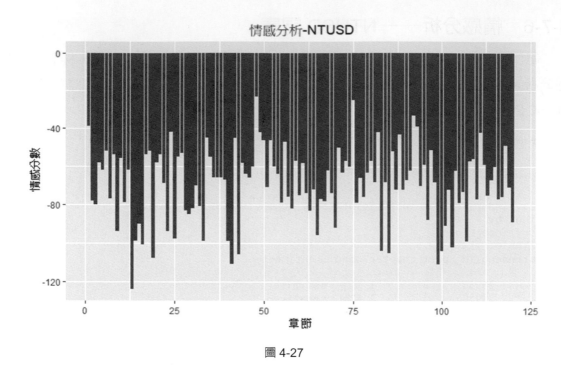

圖 4-27

從圖 4-27 發現，各章節情感分數皆為負數，這可能是資料庫 NTUSD 的負向詞庫較多（詳見 4-4-2 小節），範例 4-55 將各章節的正、負向情感出現次數視覺化（如圖 4-28），確實兩者數量有相當差距。

■ 範例 4-55

```
Console  Terminal ×  Jobs ×                                    ─ □
~/
> Story_inner_join %>%
+     count( chapter ,sentiment ) %>%
+     ggplot( aes( chapter , n, fill = sentiment) ) +
+     facet_wrap( ~sentiment, ncol=1 ) +
+     labs( title = "各章節情感分析", x="章節", y = "次數") +
+     theme( plot.title = element_text(hjust = 0.5) ) +
+     geom_col( show.legend = FALSE )
> |
```

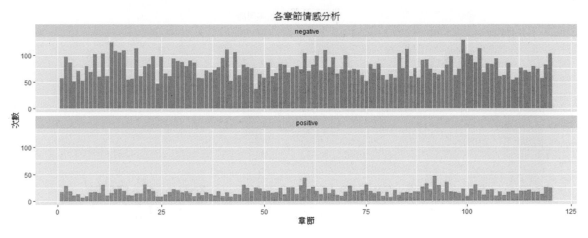

圖 4-28

暫時排除情感詞庫的問題，先學習範例 4-56，查看小說裡常見的情感用詞，將其繪製成長條圖（圖 4-29）與情感文字雲（圖 4-30）。

■ 範例 4-56

```
> Story_inner_join %>%
+   count( word, sentiment, sort = TRUE ) %>%
+   group_by(sentiment) %>%
+   top_n(10) %>%
+   ungroup() %>%
+   mutate(word = reorder(word, n)) %>%
+   ggplot(aes(word, n, fill = sentiment)) +
+   geom_col(show.legend = FALSE) +
+   facet_wrap(~sentiment, scales = "free_y") +
+   labs( title = "常見的正、負情感用詞" , x = NULL , y = "次數" ) +
+   theme( plot.title = element_text(hjust = 0.5) ) +
+   coord_flip()
Selecting by n
> set.seed(22)
> Story_inner_join %>%
+   count( word, sentiment , sort = TRUE ) %>%
+   acast( word ~ sentiment, value.var = "n", fill = 0 ) %>%
+   comparison.cloud( colors = c("red", "blue") ,title.size=2,
+                     scale=c(7,0.8), rot.per=0, max.words = 100)
> |
```

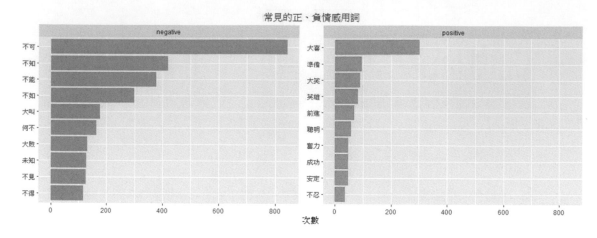

圖 4-29

圖 4-30

4-7-7　尋找常用詞與重要詞

範例 4-52 變數 Story_tokens 已將小說文本符號化，範例 4-57 接著計算各字詞出現次數，挑選前 20 筆資料，繪製成長條圖。從圖 4-31 發現，除了人物名稱之外，還有作者寫作時常用的字詞。

■ 範例 4-57

```
Console  Terminal ×  Jobs ×
~/
> Story_tokens %>%
+     count(word, sort = TRUE) %>%
+     head(20) %>%
+     mutate(word = reorder(word, n)) %>%
+     ggplot(aes(word, n)) +
+     geom_col( ) +
+     labs(title = "三國演義常用字詞", x = NULL , y = "出現次數")+
+     theme( plot.title = element_text(hjust = 0.5)) +
+     coord_flip()
> |
```

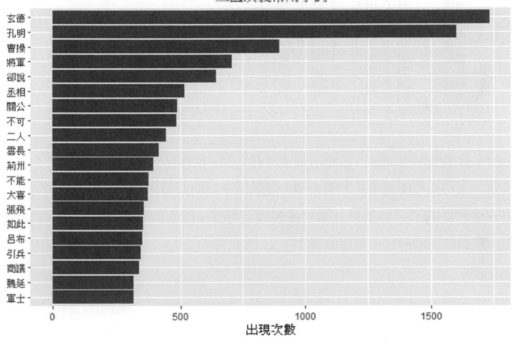

圖 4-31

範例 4-58 進一步計算各章節的 TF-IDF，探索各章節中的重要字詞。

■ 範例 4-58

```
Console  Terminal ×  Jobs ×                                              ─□
~/ ⌂
> Story_tf_idf <- Story_tokens %>%
+     subset( chapter != 0 ) %>%
+     count( chapter , word) %>%
+     bind_tf_idf( word , chapter , n ) %>%
+     arrange( desc( tf_idf ))
> Story_tf_idf
# A tibble: 118,874 x 6
   chapter word      n     tf   idf tf_idf
     <int> <chr> <int>  <dbl> <dbl>  <dbl>
 1       8 貂蟬     44 0.0384  3.40  0.131
 2      81 先主     48 0.0428  2.59  0.111
 3      74 龐德     54 0.0431  2.48  0.107
 4      88 孟獲     50 0.0351  2.84 0.0997
 5      87 高定     31 0.0187  4.79 0.0897
 6      35 水鏡     22 0.0210  4.09 0.0861
 7      27 關公     94 0.0642  1.23 0.0791
 8      64 張任     38 0.0243  3.18 0.0773
 9       5 華雄     26 0.0157  4.79 0.0753
10      70 張郃     60 0.0394  1.79 0.0707
# ... with 118,864 more rows
> |
```

範例4-58發現許多地點、人物名稱或專有名詞，這些是各章節中的重要字詞，例如：「第八章：王司徒巧使連環計，董太師大鬧鳳儀亭」的關鍵人物之一為「貂蟬」。

接下來，範例 4-59 試著將此結果繪製成長條圖，用函數 unite 將 chapter 與 word 進行合併，以利於從圖形找出章節關鍵字。

■ 範例 4-59

```
Console  Terminal ×  Jobs ×                                              ─□
~/ ⌂
> Story_tf_idf %>%
+     unite( chapter_word , chapter , word , sep= " ") %>%
+     mutate( chapter_word = factor( chapter_word, levels = rev(unique(chapter_wor
d))) ) %>%
+     top_n(20) %>%
+     ggplot( aes( chapter_word, tf_idf) ) +
+     geom_col( ) +
+     labs( title = "章節關鍵詞" , x = NULL , y = "tf-idf") +
+     theme( plot.title = element_text(hjust = 0.5) )+
+     coord_flip()
Selecting by tf_idf
> |
```

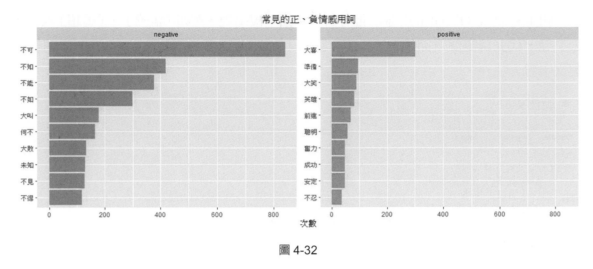

圖 4-32

從圖 4-32 得知，第 88、89、90 章皆出現「孟獲」，這三個章節分別為「渡瀘水再縛番王，識詐降三擒孟獲」、「武鄉侯四番用計，南蠻王五次遭擒」與「驅巨獸六破蠻兵，燒藤甲七擒孟獲」，敘說諸葛亮南征七擒孟獲的過程。

範例 4-60 將利用 TF-IDF 繪製文字雲，函數 subset 挑選出高 TF-IDF 的字詞，再用函數 select 選出繪製所需的變項，即可完成圖 4-33 的文字雲。

■ 範例 4-60

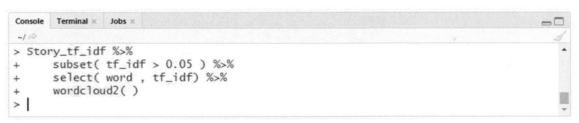

圖 4-33

　　圖 4-33 為高 TF-IDF 的字詞，但有部分字詞重複出現，例如「孟獲」、「馬超」與「關公」等，代表為多個章節的重要字詞。範例 4-61 將改用各章節最高的 TF-IDF 字詞來繪製文字雲。

■ 範例 4-61

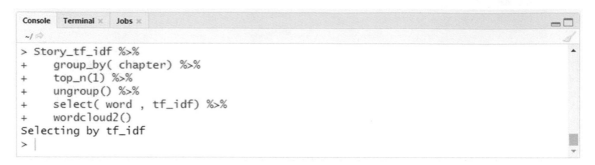

圖 4-34

4-7-8　三國人物出現次數

　　若只想瞭解作者對哪一個三國人物的描寫較多時，雖然 4-7-7 小節找到常用字詞大多為三國人物，但仍會出現其他字詞。因此，到搜狗詞庫下載「比較全的三國人名」（如圖 4-35），轉成 txt 檔案後，以此做為小說詞庫，分析各三國人物的出現次數。

圖 4-35

　　範例 4-52 變數 Story_tokens 已完成文本符號化，範例 4-62 將讀取三國人名詞庫，刪除非人名字詞（「軍士」與「許昌」），函數 filter 篩選與詞庫（dic_roles）相匹配的三國人名，計算出現次數，如圖 4-36。

■ 範例 4-62

```
> dic_roles <- readLines( "~/各單元data/ch4/比较全的三国人名.scel.转换text.text",
+                          encoding = "UTF-8") %>%
+   toTrad( rev = F )
> dic_roles <- dic_roles[ - grep( "軍士|許昌" , dic_roles )]
> roles_freq <- Story_tokens %>%
+   filter( word %in% dic_roles ) %>%
+   count( word , sort = TRUE)
> View(roles_freq)
> |
```

	word	n
1	曹操	896
2	張飛	358
3	呂布	351
4	魏延	316
5	孫權	302
6	趙雲	301
7	姜維	274
8	司馬懿	272
9	劉備	261
10	袁紹	243

Showing 1 to 11 of 1,021 entries, 2 total columns

圖 4-36

　　若將範例 4-62 中的函數 count 內多加 chapter，即可依章節來計算，這樣便可知道各章節出現的三國人物，如範例 4-63。

■ 範例 4-63

```
> chapter_roles <- Story_tokens %>%
+     filter( word %in% dic_roles ) %>%
+     count( chapter , word )
> View(chapter_roles)
> |
```

	chapter	word	n
1	1	公孫瓚	1
2	1	左豐	2
3	1	何進	2
4	1	何顒	1
5	1	南華老仙	1
6	1	段珪	1
7	1	皇甫嵩	5
8	1	夏惲	1
9	1	馬元義	2
10	1	張世平	1

Showing 1 to 11 of 3,843 entries, 3 total columns

圖 4-37

　　這時必須考慮一個問題，作者可能會用不同名詞來表示同一人物，例如「劉備」、「玄德」與「漢先主」都代表同一個人，須將出現次數加總才準確，要記錄作者寫作時對該人物的用詞。先觀察這種情況有多少，範例 4-64 從完成文本符號化的變數 Story_tokens 開始，函數 filter 搭配 %in% 篩選作者描述同一人物的用詞，計算章節出現次數與總數，繪製長條圖（圖 4-38），觀察用詞上的變化。

■ 範例 4-64

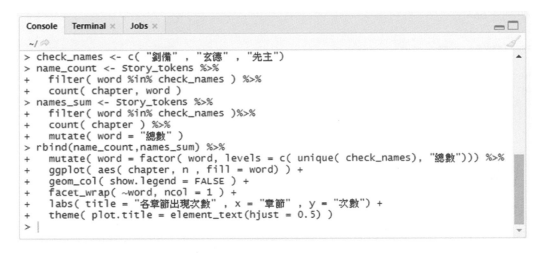

```
> check_names <- c( "劉備" , "玄德" , "先主")
> name_count <- Story_tokens %>%
+     filter( word %in% check_names ) %>%
+     count( chapter, word )
> names_sum <- Story_tokens %>%
+     filter( word %in% check_names )%>%
+     count( chapter ) %>%
+     mutate( word = "總數" )
> rbind(name_count,names_sum) %>%
+     mutate( word = factor( word, levels = c( unique( check_names), "總數"))) %>%
+     ggplot( aes( chapter, n , fill = word) ) +
+     geom_col( show.legend = FALSE ) +
+     facet_wrap( ~word, ncol = 1 ) +
+     labs( title = "各章節出現次數" , x = "章節" , y = "次數") +
+     theme( plot.title = element_text(hjust = 0.5) )
> |
```

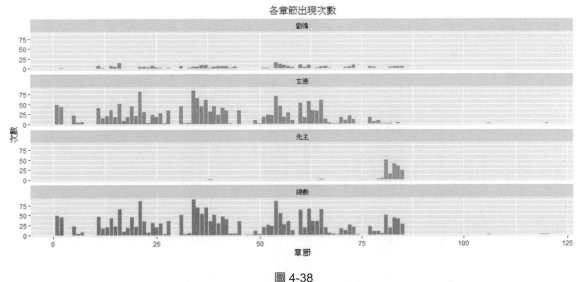

圖 4-38

程式碼說明：
1. 輸入作者寫作時對某人物的用詞，例如劉備、玄德與先主都代表同一人。
2. 計算每一個用詞在各章節出現的次數。
3. 計算各章節出現的總數。
4. 合併 name_count 與 names_sum，繪製長條圖。

　　以劉備爲例，作者在前、中期大多以「玄德」來做描述，也就是人物的字，但後期劉備稱帝到臨終託孤於丞相諸葛亮時，則改以「先主」來述說。想想看，如何將三國人物的用詞改成一致呢？這裡提供非常直接的方法，隨書光碟第四章資料夾中「三國人物-名與字 (未完成).xlsx」，提供常見人物用詞（名、字與稱號），但未包含所有人物，可自行增加。從已完成符號化的 Story_tokens 開始，取代函數 gsub 搭配 for 迴圈，將人物的字與稱號皆改爲名，但若資料過於龐大，執行速度慢，等待時間較長，如範例 4-65。

■ 範例 4-65

```
> check_name <- read_excel("~/各單元data/ch4/三國人物-名與字(未完成).xlsx")
> for ( i in 1:nrow(check_name)) {
+     nameA <- check_name[ i ,]
+     for ( j in 2:ncol(nameA)) {
+         if ( !is.na(check_name[ i , j]) )
+             Story_tokens$word  %<>%
+             gsub( check_name[ i , j] , check_name[ i , 1] , .)
+     }
+ }
> |
```

　　完成範例 4-65 的 for 迴圈後，再執行一次範例 4-64 的程式碼，其結果如圖 4-39，只剩「劉備」的字詞。

執行結果：

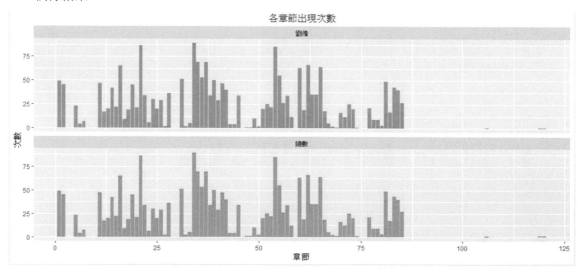

圖 4-39

4-7-9　網絡圖

已符號化的變數 Story_tokens，經過範例 4-65 的 for 迴圈，統一三國人名用詞（仍需完善資料）。現在來探討人物之間出場關係。由於部分章節出現人物眾多，所以用段落進行討論。首先，篩選出三國人物名稱，計算每一個段落出現次數如範例 4-66。

■ 範例 4-66

```
> part_roles <- Story_tokens %>%
+     filter( word %in% dic_roles ) %>%
+     count( part, word )
> View(part_roles)
> |
```

	part	word	n
1	3	曹節	1
2	3	陳蕃	1
3	3	竇武	2
4	6	段珪	1
5	6	夏惲	1
6	6	張讓	2
7	6	曹節	2
8	6	郭勝	1
9	6	程曠	1
10	6	趙忠	1

Showing 1 to 11 of 12,869 entries, 3 total columns

圖 4-40

接著將同一段落出現的人物做連線，探討兩人在同一段落出現的次數，需先將資料做處理。例如：第三段出現曹節、陳蕃與竇武，就以「曹節-陳蕃」、「曹節-竇武」與「陳蕃-竇武」三種方式連線，暫不討論其方向性。由於此篇為長篇小說，共有 3704 個段落，出場人物一千多人，造成範例 4-67 迴圈執行較久，需耐心等待，其結果如圖 4-41。

■ 範例 4-67

```
Console   Terminal ×   Jobs ×
~/
> pair_roles_ALL <- c()
> for ( i  in unique(part_roles$part) ) {
+     check_part <- part_roles %>%  filter( part == i )
+     check_n <- nrow(check_part)
+     if ( check_n > 1) {
+         for ( c_A  in 1: (check_n-1) ) {
+             for ( c_B in (c_A+1) : check_n ) {
+                 pair_roles <- data.frame( nameA = check_part$word[c_A] ,
+                                           nameB = check_part$word[c_B])
+                 pair_roles_ALL <- rbind( pair_roles_ALL , pair_roles)
+         }}}}
> View(pair_roles_ALL)
>
```

	nameA	nameB
1	曹節	陳蕃
2	曹節	竇武
3	陳蕃	竇武
4	段珪	夏惲
5	段珪	張讓
6	段珪	曹節
7	段珪	郭勝
8	段珪	程曠
9	段珪	趙忠
10	段珪	蔡邕

Showing 1 to 11 of 28,800 entries, 2 total columns

圖 4-41

執行完迴圈後，就可以製作網絡圖，如範例 4-68。

■ 範例 4-68

```
Console   Terminal ×   Jobs ×                                              ▬ ☐
~/ ⇨
> set.seed(25)
> pair_roles_ALL %>%
+     count( nameA , nameB ) %>%
+     filter( n > 20) %>%
+     graph_from_data_frame() %>%
+     ggraph( layout = "fr" ) +
+     geom_node_point( color = "lightblue", size = 15 ) +
+     geom_edge_link( aes(edge_alpha = n ),
+                       start_cap = circle( .15, 'inches'),
+                       end_cap = circle( .15, 'inches'),
+                       show.legend = FALSE) +
+     geom_node_text(aes(label = name), size = 4 ) +
+     theme_void()
> |
```

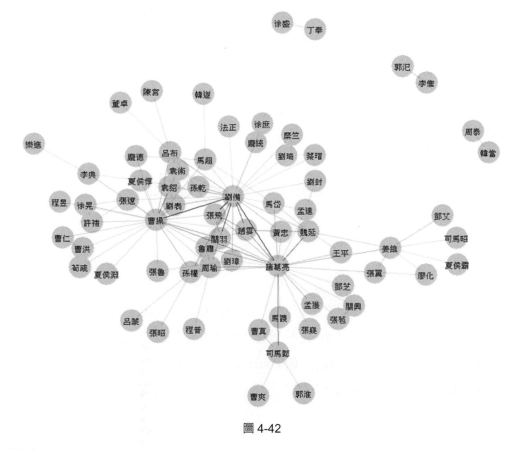

圖 4-42

從圖 4-42 發現，整篇大多圍繞著「劉備」、「諸葛亮」與「曹操」在論述，但圖形顏色單一，很難看清楚人物之間的關係。

接下來嘗試依照陣營來調整網絡圖顏色。首先，新增兩個新的 function，如範例 4-69。自訂函數 count_connection 判斷人物之間的關係（夥伴、敵對與未知），決定節點連線顏色。自訂函數 graph_camp 判斷人物陣營（魏、蜀、吳與未知），決定節點顏色。

■ 範例 4-69

```
> count_connection <- function( count_data , check_data){
+     count_data$connection <- NA
+     for ( i in 1:nrow(count_data)) {
+         name_A <- count_data[,1] %>% lapply( as.character ) %>% unlist
+         name_B <- count_data[,2] %>% lapply( as.character ) %>% unlist
+         nA <- grep( name_A[i] ,check_data$name)
+         nB <- grep( name_B[i] ,check_data$name)
+         if ( length(nA) > 0 & length(nB) >0 ){
+             if(check_data$camp[nA]!="未知"&check_data$camp[nB]!="未知"){
+                 if ( check_data$camp[nA] == check_data$camp[nB] ) {
+                     count_data$connection[i] <- "夥伴"
+                 }else count_data$connection[i] <- "敵對"
+             }else count_data$connection[i] <- "未知"
+         }else count_data$connection[i] <- "未知"
+     }
+     return(count_data)
+ }
> graph_camp <- function( graph_data , check_data){
+     V(graph_data)$camp <- "未知"
+     for ( i in 1:length(V(graph_data)$name)) {
+         Tn <- grep( V(graph_data)$name[i] ,check_data$name)
+         if ( length(Tn)>0  ){
+             V(graph_data)$camp[i] <- check_data$camp[Tn]
+         }else V(graph_data)$camp[i] ="未知"
+     }
+     return(graph_data)
+ }
>
```

隨書光碟第四章資料夾中「三國人物_陣營(未完成).xlsx」，提供常見人物所屬的陣營（可自行增加）。範例 4-70 先計算各人物間連線出現次數，篩選出現次數大於 20 次的資料，再搭配範例 4-69 自訂函數 count_connection 判斷人物間的關係，以及自訂函數 graph_camp，判斷人物陣營。

■ 範例 4-70

```
Console   Terminal ×   Jobs ×                                    ─□
~/ ⇱
> check_camp <- read_excel("~/各單元data/ch4/三國人物_陣營(未完成).xlsx")
> set.seed(25)
> Story_graph_data <- pair_roles_ALL %>%
+   count( nameA , nameB ) %>%
+   filter( n > 20 ) %>%
+   count_connection( check_camp) %>%
+   graph_from_data_frame() %>%
+   graph_camp( check_camp )
> Story_graph_data
IGRAPH 0e983a7 DN-- 69 121 --
+ attr: name (v/c), camp (v/c), n (e/n), connection (e/c)
+ edges from 0e983a7 (vertex names):
 [1] 丁奉  ->徐盛    王平  ->諸葛亮 王平  ->魏延    司馬昭->姜維
 [5] 司馬懿->曹真    司馬懿->曹爽    司馬懿->郭淮    司馬懿->諸葛亮
 [9] 呂布  ->袁術    呂布  ->張飛    呂布  ->曹操    呂布  ->陳宮
[13] 呂布  ->董卓    呂布  ->劉備    呂蒙  ->孫權    李典  ->夏侯惇
[17] 李典  ->張遼    李典  ->曹操    李典  ->樂進    李傕  ->郭汜
[21] 周泰  ->韓當    周瑜  ->孫權    周瑜  ->曹操    周瑜  ->程普
[25] 周瑜  ->劉備    周瑜  ->諸葛亮 周瑜  ->魯肅    孟達  ->劉封
[29] 孟達  ->劉備    孟達  ->諸葛亮 孟獲  ->諸葛亮 法正  ->劉備
+ ... omitted several edges
> |
```

範例 4-70 執行結果顯示，總共有 69 個節點與 121 條連線。其中，v 為節點變數，e 為連線變數，c 為資料是字符型態，n 為變數是數字型態；camp(v/c) 為自訂函數 graph_camp 所建立，也就是節點人物所屬的陣營，自行執行程式碼「V(Story_graph_data)$camp」查看節點 camp 資料，共有 69 筆；connection(e/c) 為自訂函數 count_connection 所建立，也就是人物之間的關係，自行執行程式碼「E(Story_graph_data)$connection」，查看連線 connection 資料，共有 121 筆。

範例 4-70 變數 Story_graph_data 將資料建構成網絡，接著範例 4-71 以 camp (v/c) 為節點顏色分組，connection (e/c) 為連線分組，最後設定分組顏色。

■ 範例 4-71

程式碼：

```
Console   Terminal ×   Jobs ×                                    ─□
~/ ⇱
> Story_graph_data %>%
+   ggraph( layout = "fr" ) +
+   geom_node_point( aes(color = camp), size = 12 ) +
+   geom_edge_link( aes( edge_alpha = log(n),
+                         edge_colour = connection ,
+                         edge_linetype = connection),
+                   start_cap = circle( .2, 'inches'),
+                   end_cap = circle( .2, 'inches')) +
+   geom_node_text(aes(label = name), size = 4 ) +
+   scale_color_manual(values=c("gray90","#d981e3","#8febac","#afbff0"))+
+   scale_edge_color_manual(values=c("gray50","blue","red")) +
+   scale_edge_linetype_manual(values=c("dotted","solid","solid")) +
+   theme_void()
> |
```

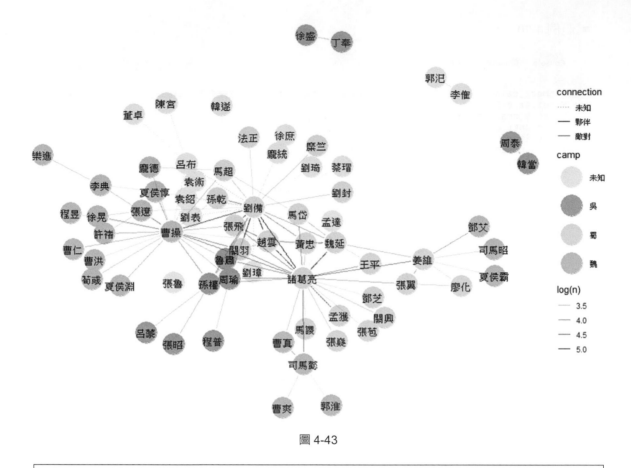

圖 4-43

程式碼說明：
1. 參數 layout 設定圖形佈局方式，提供 star、circle、gem、dh、graphopt、 grid、mds、randomly、fr、kk、drl、lgl 等方式。
2. 函數 geom_node_point，設定節點顏色（以 camp 為分組依據）與大小。
3. 函數 geom_edge_link，設定節點間的連線：
   a. 參數 edge_alpha 定義新的比例，會出現顏色深淺變化，因 n 的差距較大，較小的數值其顏色不清楚，改以 log(n) 縮小其差距。
   b. 參數 edge_colour，設定連線顏色，以 connection 做為分組依據。
   c. 參數 edge_linetype，設定連線的種類，以 connection 做為分組依據。
   d. 參數 start_cap 與 end_cap 設定連線與節點的距離。
4. 函數 geom_node_text，設定節點的標籤與大小。
5. 函數 scale_color_manual，依照節點分組，設定顏色。
6. 函數 scale_edge_color_manual，依照連線分組，設定顏色。
7. 函數 scale_edge_linetype_manual，依照連線分組，設定線的種類。

4-7-10 練習

　　圖 4-43 的網絡圖可看出三國人物之間的關係，但若想知道所有人物與某一特定人物的出現頻率高低，會因圖形錯綜複雜，造成分析更加困難。請利用範例 4-67 變數 pair_roles_ALL，嘗試改變圖形佈局方式，以「劉備」為中心，探討其他人物與「劉備」的關係。

■ 參考答案

```
> role <- "劉備"
> pair_roles_ALL %>%
+     count( nameA , nameB ) %>%
+     filter( n > 10) %>%
+     filter( nameA == role | nameB == role) %>%
+     count_connection( check_camp ) %>%
+     graph_from_data_frame() %>%
+     graph_camp( check_camp ) %>%
+     ggraph( layout = "star" ,center = role) +
+     geom_node_point( aes(color = camp), size = 12 ) +
+     geom_edge_link( aes( edge_alpha = log(n),
+                          edge_colour = connection ,
+                          edge_linetype = connection),
+                   start_cap = circle( .2, 'inches'),
+                   end_cap = circle( .2, 'inches')) +
+     geom_node_text(aes(label = name), size = 4 ) +
+     scale_color_manual(values=c("gray90","#d981e3","#8febac","#afbff0"))+
+     scale_edge_color_manual(values=c("gray50","blue","red")) +
+     scale_edge_linetype_manual(values=c("dotted","solid","solid")) +
+     theme_void()
> |
```

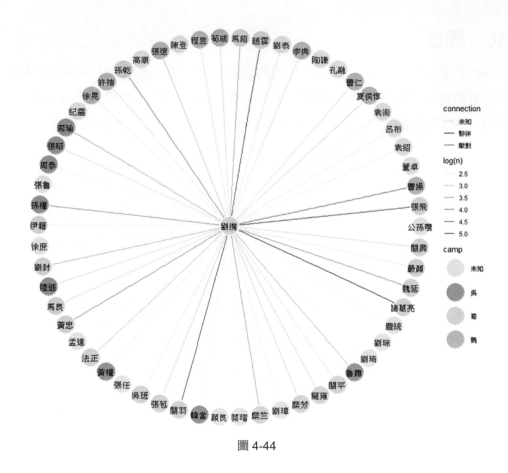

圖 4-44

Chapter

5

網路爬蟲與文本探勘

本章內容

- 5-1　網路爬蟲介紹
- 5-2　靜態擷取網頁
- 5-3　動態擷取網頁

由於網頁內容隨時會更新，因此讀者在進行本章內容練習時所獲得的結果，或許會與書本所呈現的內容有所差異，特此說明。

5-1　網路爬蟲介紹

　　網路爬蟲是一種自動提取網頁的過程，可分爲通用網路爬蟲、聚焦網路爬蟲、增量式網路爬蟲與深層網路爬蟲。實際爬蟲系統由多種爬蟲技術相結合，模擬瀏覽器頁面，根據網頁 HTML 結構提取所需資訊。R 語言關於爬蟲的套件有 rvest 套件、RSelenium套件等。

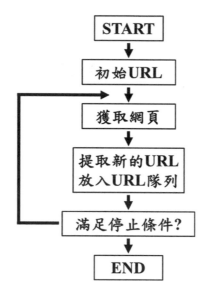

圖 5-1　網路爬蟲的工作流程圖
資料出處：https://zhuanlan.zhihu.com/p/112219646

5-2　靜態擷取網頁

5-2-1　rvest 套件介紹

　　rvest 套件用於擷取網頁資料，使用其中的 read_html、html_nodes、html_attr 與html_text 等函數，即可達成網路爬蟲。

1. read_html：給予正確網址，取得網頁所有資料。
2. html_nodes：利用 CSS 選擇器或 XPath，定位網頁資料。
3. html_attr：擷取定位網頁資料的單個屬性（attribute）內容。
4. html_text：擷取定位網頁資料的所有文字。
5. html_table：擷取表格。

5-2-2　擷取網頁資料—— Selector Gadget

從 Yahoo 奇摩電影（https://movies.yahoo.com.tw/index.html）擷取本週新片名稱。
開啓網頁，點選「本週新片」，總共 12 筆，目標擷取前 10 部新上映的電影名稱（因擷
取時間不同，擷取內容會有差異）。

圖 5-2

一、安裝 Selector Gadget

依照下列步驟，在 Google Chrome 網頁瀏覽器新增 Selector Gadget 外掛：

步驟 1　到 Google 網站，搜尋「Selector Gadget」

圖 5-3

步驟 2　進入 chrome 線上應用程式商店，點選「加到 Chrome」

圖 5-4

步驟 3　點選「新增擴充功能」

圖 5-5

步驟 4　完成安裝

圖 5-6

二、Selector Gadget 使用方式

步驟 1　點選瀏覽器右上角的輔助工具「Selector Gadget」。

圖 5-7

步驟 2　瀏覽器下方會出現 CSS 選擇器。

圖 5-8

步驟 3　點選想要擷取的地方。範例：點選第一個電影名稱（變身特務），點選地方變成綠底，下方 CSS 選擇器位址為「.gabtn」，其位址包含綠底與黃底部分，Clear（135）表示選取到 135 個元素。

圖 5-9

步驟 4 點選不要的部分（會出現紅底），直到 Clear 括號內數字與擷取資料數量相符。範例中，分別點選「yahoo! 電影」、「預告片」與「Spies in Disguise」（電影英文名稱）：

◆ 點選「yahoo! 電影」，Clear 括號內數字降為 40。

圖 5-10

◆ 點選「預告片」，Clear 括號內數字降為 20。

圖 5-11

◆ 點選電影英文名稱「Spies in Disguise」，Clear 括號內數字降為 10。

圖 5-12

步驟 5 確定 Clear 括號內數字為擷取電影名稱的數量後，再次確認網頁綠底與黃底部分是否為擷取內容，若正確無誤，便成功從 CSS 選擇器取得網頁位址。範例中，本週新片名稱位址為「.release_movie_name > .gabtn」。

三、擷取網頁內容（rvest 套件與 Selector Gadget）

開啟 RStudio，先安裝 rvest 套件，再讀取 rvest 套件，搭配剛才使用 Selector Gadget 選取到的位址，擷取網頁內容，如範例 5-1。將網頁網址儲存在變數 movie_URL，利用函數 read_html 獲取網頁資料，函數 html_nodes 搭配從 CSS 選擇器取得網頁位址，最後利用函數 html_text 取出文字。不同時間點所擷取的網頁資訊會不同（範例 5-1 為 2020-08-19 更新），網頁位址也可能隨著網頁更新，需要重新設定。

■ 範例 5-1

　　範例 5-1 已抓到本週十部電影新片名稱，但發現前面有 \n 與空白，這時可用 R 內建的函數 gsub 來處理，利用取代功能刪除多餘的字，如範例 5-2。函數 gsub 具有取代功能（[+\n] 為正規表達式），可用於將變數 movie_names 的 \n 與空格刪除。

■ 範例 5-2

四、改寫程式碼

　　擷取靜態網頁內容大致分成五個步驟：輸入網址、取得網頁資料、選取網頁位址（利用 CSS 或 XPath）、擷取內容與顯示結果。這五個步驟可用管線運算子改寫，讓 R 語言一口氣完成。若重複擷取同一頁面的網頁內容，建議取得網頁資料（movie_html）後，再使用管線運算子，避免反覆訪問該網頁。接下來，試著改寫範例 5-1 與範例 5-2。

■ 範例 5-3

```
Console   Terminal ×   Jobs ×                              ─□
~/ ⇱
> rm(list=ls())
> movie_URL <- "https://movies.yahoo.com.tw/movie_thisweek.html"
> movie_html <- read_html( movie_URL )
> movie_names <- movie_html %>%
+   html_nodes( css = ".release_movie_name > .gabtn") %>%
+   html_text() %>%
+   gsub("[ +\n]","", . )
> movie_names
 [1] "東京教父：4K數位修復版"    "棕櫚泉不思議"
 [3] "羊與鋼之森"              "可不可以，你也剛好喜歡我"
 [5] "秋天的故事經典數位修復"    "冬天的故事經典數位修復"
 [7] "下一站，托斯卡尼"         "高盧英雄歷險記：魔法藥水"
 [9] "初心"                   "爆裂魔神少女"
> |
```

五、Selector Gadget 作業

　　範例 5-3 已擷取 Yahoo 奇摩電影（https://movies.yahoo.com.tw/index.html）本週十部電影新片名稱，請嘗試擷取「英文電影名稱」、「上映日期」與「期待度」，製作資料框。資料框內有四個變項，依序為「中文電影名稱」、「英文電影名稱」、「上映日期」與「期待度」。

■ 參考答案

延續範例 5-3：

```
Console   Terminal ×   Jobs ×                              ─□
~/ ⇱
> movie_exp <- movie_html %>%
+   html_nodes( css = "#content_1 dt span") %>%
+   html_text() %>%
+   gsub("[ +\n]","", . ) %>%
+   gsub("網友想看","", . )
> NEW_movie <- data.frame(中文電影名稱 = movie_names,
+                         英文電影名稱 = movie_en_names,
+                         上映日期 = movie_date,
+                         期待度 = movie_exp)
> View(NEW_movie)
> |
```

	中文電影名稱	英文電影名稱	上映日期	期待度
1	東京教父：4K數位修復版	TokyoGodfathers	2020-08-19	76%
2	棕櫚泉不思議	PalmSprings	2020-08-19	98%
3	羊與鋼之森	TheForestofWoolandSteel	2020-08-21	94%
4	可不可以，你也剛好喜歡我	DoYouLoveMeAsILoveYou	2020-08-21	97%
5	秋天的故事經典數位修復	AutumnTale	2020-08-21	33%
6	冬天的故事經典數位修復	ATaleofWinter	2020-08-21	50%
7	下一站，托斯卡尼	MadeInItaly	2020-08-21	92%
8	高盧英雄歷險記：魔法藥水	AsterixandtheMagicPotion	2020-08-21	97%
9	初心	André&hisolivetree	2020-08-21	73%
10	爆裂魔神少女	RiseoftheMachineGirls	2020-08-21	95%

Showing 1 to 10 of 10 entries, 4 total columns

圖 5-13

5-2-3 擷取網頁資料── XPath Helper

從博客來（https://www.books.com.tw/）擷取新書暢銷榜。開啟網頁，點選「全站分類」、「中文書」，再點選「排行榜」、「新書榜」，總共有 100 本新書。（或直接搜尋網址：https://www.books.com.tw/web/sys_newtopb/books/）

圖 5-14

圖 5-15

一、安裝 XPath Helper

依照下列步驟，在 Google Chrome 網頁瀏覽器，新增 XPath Helper 外掛：

步驟 1 到 Google 網站，搜尋「XPath Helper」

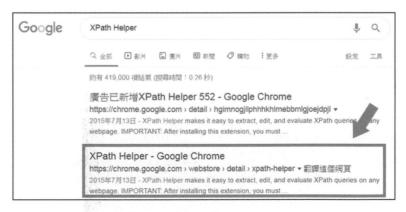

圖 5-16

步驟 2 進入 chrome 線上應用程式商店，點選「加到 Chrome」

圖 5-17

步驟 3 點選「新增擴充功能」

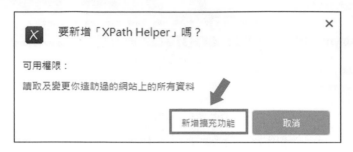

圖 5-18

步驟 4 完成安裝

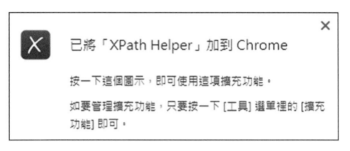

圖 5-19

二、XPath Helper 使用方式

步驟 1 點選瀏覽器右上角的輔助工具「XPath Helper」

圖 5-20

步驟 2 瀏覽器上方會出現黑框，左邊是 QUERY，顯示元素的 xpath 網頁位址，右邊是 RESULTS，顯示其文字內容，再點選右上角輔助工具，即可關閉。

圖 5-21

步驟 3　按住 shift 鍵移動滑鼠，觀察上方 QUERY 的 xpath 網頁位址與 RESULTS 的內容。

範例：按住 shift 鍵，移動滑鼠至第一本書名為 /li[@class='item'][1]，第二本為 /li[@class='item'][2]，可推論第三本為 /li[@class='item'][3]，以此類推。

圖 5-22

圖 5-23

步驟 4　嘗試從前面開始刪減 xpath 網頁位址，刪減後加入 /。範例第二本書名為例：

1. 刪減為 //li[@class='item'][2]/div[@class='type02_bd-a']/h4，仍然可以對應到其內容。

圖 5-24

2. 再刪減為 //div[@class='type02_bd-a']/h4/a，發現 RESULTS 變為 100 筆，
其內容為新書榜的 100 本新書名稱。

圖 5-25

步驟 5 確定 RESULTS 括號內數字為擷取新書榜的數量後，在網頁上確認要擷取
的書名是否變成黃底，若正確無誤，便成功從 XPath Helper 取得網頁位址。
範例新書榜的書名網頁位址為 //div[@class='type02_bd-a']/h4/a。

三、擷取網頁內容（rvest 套件與 XPath Helper）

開啟 RStudio，讀取 rvest 套件，搭配剛才使用 XPath Helper 選取到的網頁位址，擷取網頁內容，其程式碼與 Selector Gadget 類似（範例 5-4 為 2020-08-19 更新）。

■ 範例 5-4

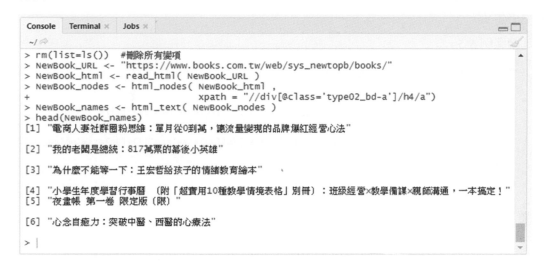

四、改寫程式碼

確認正確無誤後，使用管線運算子將範例 5-4 進行改寫，其執行效果會與原程式碼相同，皆從變數 NewBook_html 中，選取網頁位址、擷取文字，如範例 5-5。

■ 範例 5-5

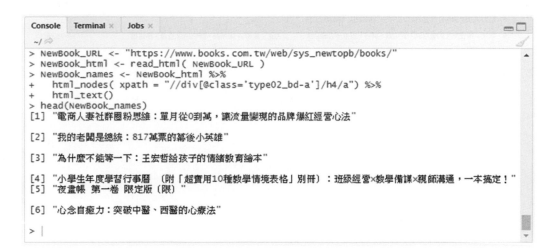

五、XPath Helper 作業

範例 5-5 已擷取博客來（https://www.books.com.tw/）新書暢銷榜的 100 本書名，請嘗試擷取「作者」與「優惠價」，製作成資料框，資料框內有三個變項，依序為「書名」、「作者」與「優惠價」。

■ 參考答案

延續範例 5-5。

圖 5-26

5-2-4　抓取網頁連結

　　學會如何擷取網頁文字資料後，接下來介紹用 rvest 套件的函數 html_attr 抓取分頁連結。

　　5-2-3 小節已學會如何擷取博客來新書暢銷榜的書名，若要擷取各新書之連結，該怎麼做呢？範例 5-6 使用函數 html_nodes 選取網頁位址，儲存在變數 NewBook_nodes，先看看此變數前 6 筆資料（範例 5-6 為 2020-08-19 更新）：

■ 範例 5-6

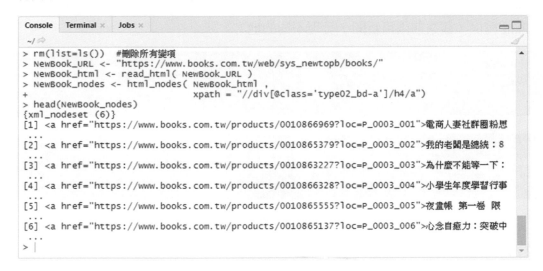

```
> rm(list=ls())   #刪除所有變項
> NewBook_URL <- "https://www.books.com.tw/web/sys_newtopb/books/"
> NewBook_html <- read_html( NewBook_URL )
> NewBook_nodes <- html_nodes( NewBook_html ,
+                        xpath = "//div[@class='type02_bd-a']/h4/a")
> head(NewBook_nodes)
{xml_nodeset (6)}
[1] <a href="https://www.books.com.tw/products/0010866969?loc=P_0003_001">電商人妻社群圈粉思
...
[2] <a href="https://www.books.com.tw/products/0010865379?loc=P_0003_002">我的老闆是總統：8
...
[3] <a href="https://www.books.com.tw/products/0010863227?loc=P_0003_003">為什麼不能等一下：
...
[4] <a href="https://www.books.com.tw/products/0010866328?loc=P_0003_004">小學生年度學習行事
...
[5] <a href="https://www.books.com.tw/products/0010865555?loc=P_0003_005">夜畫帳 第一卷 限
...
[6] <a href="https://www.books.com.tw/products/0010865137?loc=P_0003_006">心念自癒力：突破中
...
> |
```

　　從範例 5-6 發現，變數 NewBook_nodes 有各新書之連結，如第一本書為「https://www.books.com.tw/products/0010865379?loc=P_0003_001」，現在只要使用函數 html_attr，從中取出 href 達成目標，如範例 5-7。

■ 範例 5-7

```
> NewBook_href <- html_attr(NewBook_nodes,"href")
> head(NewBook_href)
[1] "https://www.books.com.tw/products/0010866969?loc=P_0003_001"
[2] "https://www.books.com.tw/products/0010865379?loc=P_0003_002"
[3] "https://www.books.com.tw/products/0010863227?loc=P_0003_003"
[4] "https://www.books.com.tw/products/0010866328?loc=P_0003_004"
[5] "https://www.books.com.tw/products/0010865555?loc=P_0003_005"
[6] "https://www.books.com.tw/products/0010865137?loc=P_0003_006"
> |
```

但此種做法並非每次都能順利抓取連結。例如嘗試從聯合新聞網（https://news.tvbs.com.tw/）擷取關於「國中會考」新聞連結（上方搜尋關鍵字）。

圖 5-27

照著前面的做法，擷取各新聞的標題。先利用 CSS 選擇器或 XPath 選取網頁位址。以 XPath 為例，觀察前兩篇新聞，發現不同的地方。

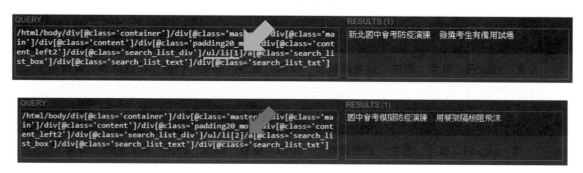

圖 5-28

嘗試刪減 xpath 網頁位址，並將不同處的 [ ] 刪除，其網頁位址為 //div[@class='search_list_txt']，可擷取到第一頁 25 則新聞標題。

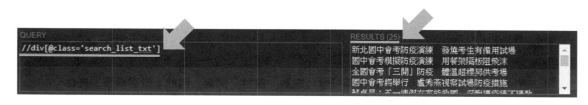

圖 5-29

回到 RStudio 修改程式碼，擷取新聞標題，如範例 5-8，其中變數 NEWS_URL 中「%E5%9C%8B%E4%B8%AD%E6%9C%83%E8%80%83」為 URL 編碼，意思為「國中會考」。

■ 範例 5-8

```
> NEWS_URL <- "https://news.tvbs.com.tw/news/searchresult/news?search_text=%E5%9C%
8B%E4%B8%AD%E6%9C%83%E8%80%83"
> NEWS_html <- read_html( NEWS_URL )
> NEWS_nodes <- html_nodes( NEWS_html , xpath = "//div[@class='search_list_txt']")
> NEWS_title <- html_text(NEWS_nodes)
> head(NEWS_title)
[1] "寧願重考也不屈就！？補教名師：每七考生就有一重考"
[2] "徐榛蔚為夫博崐其助選違紀　縣黨部：撤案挺自己人"
[3] "國中教育會考開放查成績　英數近3成待加強"
[4] "快訊／2會考生「未戴好口罩」　心測中心：不計分"
[5] "天氣太熱？會考多次拿下口罩　3科可能零分"
[6] "快訊／國中會考「不戴罩零分」　新北1人5科都違規"
> head(NEWS_nodes)
{xml_nodeset (6)}
[1] <div class="search_list_txt">寧願重考也不屈就！？補教名師：每七考生就有一重考</div>
[2] <div class="search_list_txt">徐榛蔚為夫博崐其助選違紀　縣黨部：撤案挺自己人</div>
[3] <div class="search_list_txt">國中教育會考開放查成績　英數近3成待加強</div>
[4] <div class="search_list_txt">快訊／2會考生「未戴好口罩」　心測中心：不計分</div>
[5] <div class="search_list_txt">天氣太熱？會考多次拿下口罩　3科可能零分</div>
[6] <div class="search_list_txt">快訊／國中會考「不戴罩零分」　新北1人5科都違規</div>
> NEWS_href <- html_attr(NEWS_nodes,"href")
> head(NEWS_href)
[1] NA NA NA NA NA NA
>
```

從範例 5-8 發現，選取網頁位址儲存在變數 NEWS_nodes，查看此變數會發現只有標題，沒有連結，所以函數 html_attr 無法從中取出連結。

　　因此，必須重新尋找新聞連結 xpath 網頁位址。回到瀏覽器（Google Chrome），按 F12（開發者工具）查看網頁元素位置。先點選 🔍，再點選第一則新聞，右邊視窗會顯示對應的位置，發現標題文字與連結沒有在一起，如圖 5-30。

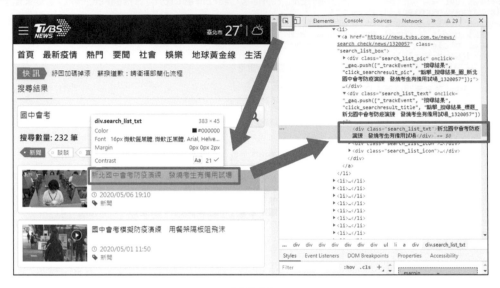

圖 5-30

　　移到上方連結部分，按滑鼠右鍵，可複製此連結的 XPath 網頁位址，如圖 5-31。

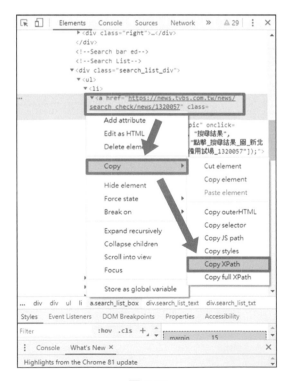

圖 5-31

到 Xath Helper 輔助工具的 QUERY 將其貼上，發現 RESULTS 內容有些許不同，標題後面多出日期與時間。

圖 5-32

再用相同的方法，查看第二篇新聞連結的網頁位址。

圖 5-33

得知 li 後面括號內的數字代表第 n 篇新聞，試著將其刪除，刪減網頁位址，得到所有新聞連結的 Xpath 網頁位址。

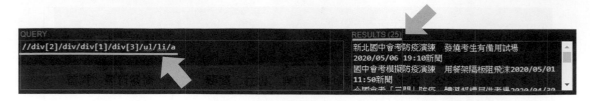

圖 5-34

再修正程式碼的 Xpath 網頁位址，獲得聯合新聞網關於「國中會考」的新聞連結（因網頁變更導致 Xpath 網頁位址更動，範例 5-9 為 2020-08-19 更新）。

■ 範例 5-9

```
> NEWS_nodes_2 <- html_nodes( NEWS_html ,
+                   xpath = "//div[3]/ul/li/span/div/a")
> NEWS_href_2 <- html_attr(NEWS_nodes_2,"href")
> head(NEWS_href_2)
[1] "https://news.tvbs.com.tw/news/search_check/news/1362242"
[2] "https://news.tvbs.com.tw/news/search_check/news/1336744"
[3] "https://news.tvbs.com.tw/news/search_check/news/1334848"
[4] "https://news.tvbs.com.tw/news/search_check/news/1329109"
[5] "https://news.tvbs.com.tw/news/search_check/news/1325478"
[6] "https://news.tvbs.com.tw/news/search_check/news/1325436"
> |
```

5-2-5　靜態擷取網頁──練習

到台中市政府網站（https://www.taichung.gov.tw/），擷取熱門公告的前 30 篇市政新聞的標題與網址，製作成資料框。

■ 參考答案

```
> rm(list=ls())   #刪除所有變項
> HW_URL <- "https://www.taichung.gov.tw/8868/8872/9962/"
> Hw_nodes <- read_html( HW_URL ) %>%
+    html_nodes( xpath = '//*[@id="center"]/section[4]/ul/li/a')
> HW_title <- HW_nodes %>%
+    html_attr( "title" )
> HW_href <- HW_nodes %>%
+    html_attr( "href" ) %>%
+    paste0("https://www.taichung.gov.tw/", .)
> HW_data <- data.frame( 新聞標題 = HW_title, 新聞連結 = HW_href )
> View(HW_data)
> |
```

	新聞標題	新聞連結
1	網讚台中購物節氛振興 盧市長邀民眾持續到台中遊玩消費	https://www.taichung.gov.tw//1585828/post
2	企業捐贈50萬獎學金 助豐原五校學子受惠	https://www.taichung.gov.tw//1585738/post
3	山城首座公托開幕 盧市長：孩子的照顧不能少	https://www.taichung.gov.tw//1585752/post
4	核心能力再精進！中市府舉辦幼兒特教研習	https://www.taichung.gov.tw//1585660/post
5	「台中巨蛋」成果展迴響熱烈！ 8/24移師市府常設展出	https://www.taichung.gov.tw//1585654/post
6	教育部與中市府合辦社大工作坊 聚焦未來發展與願景	https://www.taichung.gov.tw//1585606/post
7	培育無礙環境教官 中市府辦公園無障礙環境講習	https://www.taichung.gov.tw//1585491/post
8	中市影片教學研習　志工化身製作人記錄長者美好時刻	https://www.taichung.gov.tw//1585468/post
9	風機錯件龍頭新廠落腳台中 令狐副：中市離岸風電再邁大步	https://www.taichung.gov.tw//1585458/post
10	中區國稅局長拜會盧市長 邀市民9/13路跑遊賞高美濕地	https://www.taichung.gov.tw//1585420/post

Showing 1 to 11 of 30 entries, 2 total columns

圖 5-35

5-3　動態擷取網頁

平時瀏覽新聞網頁或查看評價時，偶爾會碰到網頁必須以「點擊」或「向下滾動」的方式新增動態資訊，但網址不變，網頁也不需重新讀取。此種網頁會讓 rvest 套件擷取到不完整的內容，但 RSelenium 套件卻可以輕易解決此問題。

5-3-1　RSelenium 套件介紹

RSelenium 套件讓 R 透過 Selenium 操控瀏覽器，包含 Google Chrome 與 Firefox 瀏覽器，功能強大，可動態擷取網頁內容，其使用函數如下：

1. remoteDriver：連接 Selenium 伺服器
2. open：開啟瀏覽器
3. navigate：瀏覽指定網頁
4. goBack：回到上一頁
5. goForward：前往下一頁
6. refresh：重新整理當前網頁
7. getCurrentUrl：獲取當前網頁的網址
8. setWindowSize：設定瀏覽器視窗大小
9. screenshot：擷取網頁頁面

10. clickElement：點擊功能

11. findElement：定位單個網頁資料

12. findElements：定位多個網頁資料

13. getElementText：擷取文字資料

14. getElementAttribute：擷取屬性（attribute）內容

15. sendKeysToElement：發送 key 至瀏覽器

16. getPageSource：獲取當前頁面

5-3-2　使用 RSelenium 套件前的準備工作

Selenium 支援 Google Chrome 與 Mozilla Firefox 瀏覽器，可於兩者自由選擇一種安裝與執行。

步驟 1　下載最新版瀏覽器驅動程式

Google Chrome 瀏覽器驅動程式名稱為 ChromeDriver，前往 http://chromedriver.chromium.org/，依照作業系統種類及版本下載，並解壓縮。

圖 5-36

Index of /79.0.3945.36/

Name	Last modified	Size	ETag
Parent Directory		-	
chromedriver_linux64.zip	2019-11-18 18:20:03	4.65MB	77e6b631478c63c2df5809822a0af916
chromedriver_mac64.zip	2019-11-18 18:20:05	6.59MB	57d2a9629298aa6dc2d759fe09da5d13
chromedriver_win32.zip	2019-11-18 18:20:06	4.07MB	9665be96d739035efdf91684f406fdcf
notes.txt	2019-11-18 18:20:10	0.00MB	c4ebd5d56bbe3948e7fbbf96cfe8a75b

圖 5-37

Firefox 瀏覽器驅動程式名稱為 geckodrive，前往 https://github.com/mozilla/
geckodriver/releases，依照作業系統種類及版本下載，並解壓縮。

📦 geckodriver-v0.26.0-linux32.tar.gz	2.22 MB
📦 geckodriver-v0.26.0-linux64.tar.gz	2.28 MB
📦 geckodriver-v0.26.0-macos.tar.gz	1.91 MB
📦 geckodriver-v0.26.0-win32.zip	1.37 MB
📦 geckodriver-v0.26.0-win64.zip	1.46 MB
📄 Source code (zip)	
📄 Source code (tar.gz)	

圖 5-38

步驟 2　下載 Selenium 伺服器（網址：https://www.seleniumhq.org/download/）

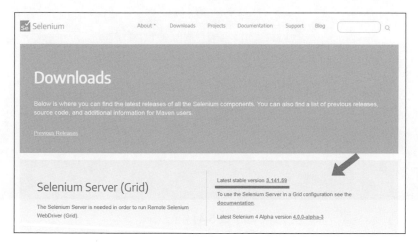

圖 5-39

步驟 3　將下載的檔案放在同一個資料夾裡

範例中的資料夾路徑爲 C:\RSelenium（ChromeDriver 或 geckodrive 擇一）。

圖 5-40

步驟 4　開啓命令提示字元，輸入命令，若出現圖 5-41 或圖 5-42 的畫面，代表成功啓動 Selenium 伺服器。

◆ Google Chrome 瀏覽器：

```
cd /d C:\RSelenium
java -Dwebdriver.chrome.driver=chromedriver.exe -jar selenium-server-
standalone-3.141.59.jar
```

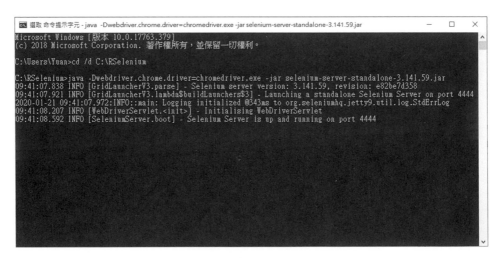

圖 5-41

◆ Firefox 瀏覽器：

```
cd /d C:\RSelenium
java -Dwebdriver.chrome.driver=geckodriver.exe -jar selenium-server-
standalone-3.141.59.jar
```

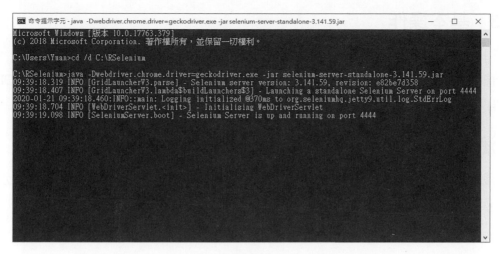

圖 5-42

步驟 5 成功啟動 Selenium 伺服器，請不要關閉，可以縮小命令提示字元的視窗，回到 RStudio，嘗試使用 RSelenium 套件開啟瀏覽器，如範例 5-10，Selenium 伺服器開在 localhost 的 4444 連接埠，參數 browserName 設定使用的瀏覽器，Google Chrome 輸入 "chrome"，Firefox 輸入 "firefox"，並將瀏覽器名稱設為 remDr，使用指令 remDr$open() 即可開啟瀏覽器。

■ 範例 5-10（執行結果省略）

程式自動開啟新的視窗，以 Google Chrome 為例：

圖 5-43

5-3-3　基本操作

接下來分別介紹「瀏覽指定網頁」、「上一頁」、「下一頁」、「重新整理」、「獲取當前網頁網址」、「設定瀏覽器視窗大小」、「擷取當前頁面」。以 Google Chrome 瀏覽器為例。

一、瀏覽指定網頁

函數 navigate 為「瀏覽指定網頁」之指令，輸入網址即可，如範例 5-11，分別開啟 Yahoo 與 Google 首頁。

■ 範例 5-11

圖 5-44

圖 5-45

二、上一頁、下一頁與重新整理

函數 goBack 為「回上一頁」之指令；函數 goForward 為「到下一頁」之指令；函數 refresh 為「重新載入網頁」之指令。

■ 範例 5-12

三、獲取當前網頁網址

函數 getCurrentUrl 為「獲取網址」之指令。

■ 範例 5-13

四、設定瀏覽器視窗大小（1000*800）、擷取網頁頁面

函數 setWindowSize 用來調整視窗的大小；函數 screenshot 用於擷取當前的網頁頁面，其截圖結果顯示於 RStudio 右下角 Viewer 視窗，如圖 5-46。

■ 範例 5-14

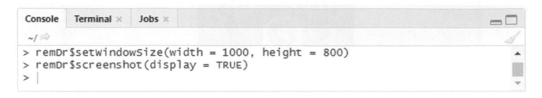

圖 5-46

5-3-4　使用 RSelenium 套件前的程式碼

確認已下載最新版瀏覽器驅動程式與 Selenium 伺服器，開啓命令提示字元輸入命令，用 RSelenium 套件開啓瀏覽器。後續將介紹如何動態新增網頁內容，包含「點擊」、「滾動網頁捲軸」與「輸入」之功能。

學習每個範例前，請在 RStudio 輸入指令 rm(list=ls())，刪除所有變項，手動關閉由 RSelenium 套件開啓的瀏覽器，執行範例 5-15 之程式碼後，建立 function（名稱爲 getText 與 getHref），用於擷取多個文字資料與連結，再開始各範例的學習。

■ 範例 5-15（中間執行結果省略）

```
Console   Terminal ×   Jobs ×                                          — □
~/ 
> rm(list=ls())
> remDr <- remoteDriver( remoteServerAddr = "localhost",
+                        port = 4444, browserName = "chrome")
> remDr$open()
[1] "Connecting to remote server"
$acceptInsecureCerts

    (中間的執行結果省略)

> getText <- function(Elem) {
+    unlist( lapply(Elem,function(word){word$getElementText()}))
+ }
> getHref <- function(Elem) {
+    unlist( lapply(Elem,function(Href){Href$getElementAttribute("href")}))
+ }
> |
```

5-3-5 點擊

在 ePrice 比價王（https://www.eprice.com.tw/mobile/buyerguide/?s=1&sd=0）可以依自身需求尋找適合的手機，如圖 5-47。接下來嘗試利用 RSelenium 套件的點擊功能，分別點選「螢幕尺寸：6.0-6.5 吋」、「價格區間：$5,000-10,000」與「記憶體：8GB」，把挑選到的手機與最低價格做成資料框。

圖 5-47

先執行使用 RSelenium 套件前的程式碼（範例 5-15），開啓瀏覽器，瀏覽上述網頁，再利用開發者工具來查看點選三個條件的網頁元素位置（參考 5-20 頁介紹的圖 5-30 與圖 5-31），定位符合條件的網頁資料後，使用函數 clickElement 點擊功能達到選擇條件的效果，最後擷取相關資訊，匯出成資料框，如範例 5-16 與圖 5-48（於 2020-08-19 更新）。

- 範例 5-16

```
Console   Terminal ×   Jobs ×
~/
> #先執行範例5-15
> eprice_URL <- "https://www.eprice.com.tw/mobile/buyerguide/?s=1&sd=0"
> remDr$navigate( eprice_URL )
> #使用Selector Gadget尋找要點選的網頁位址
> #選擇尺寸"6.0-6.5吋"
> size <- remDr$findElement( using = 'xpath',
+                            value = '//*[@id="frmSearch"]/div[1]/div[2]/div/a[2]' )
> size$clickElement()
> #選擇價格區間"$5000-10000"
> PriceRange <- remDr$findElement( using = 'xpath',
+                            value = '//*[@id="frmSearch"]/div[1]/div[3]/div/a[2]' )
> PriceRange$clickElement()
> #選擇記憶體"8G"
> RAM <- remDr$findElement( using = 'xpath',
+                            value = '//*[@id="frmSearch"]/div[1]/div[5]/div/a[4]' )
> RAM$clickElement()
> #擷取手機名
> Name <- remDr$findElements( using = 'xpath',
+                            value = '//*[@id="search-result"]/div/div[1]/a')
> PhoneName <- getText(Name)
> #擷取價格
> Price <- remDr$findElements( using = 'xpath',
+                            value = '//*[@id="search-result"]/div/div[3]/a')
> Price <- getText(Price)
> PhoneData<- data.frame( 手機 = PhoneName, 價格 = Price)
> View(PhoneData)
> |
```

	手機	價格
1	OPPO A91	$8,900
2	vivo V17	$8,500
3	realme 6	$7,100
4	vivo V17 Pro	$8,800
5	realme XT	$7,400
6	OPPO A9 2020 (8GB+128GB)	$8,700
7	realme 5 Pro	$6,500
8	vivo V15 Pro	$9,300

Showing 1 to 8 of 8 entries, 2 total columns

圖 5-48

5-3-6　滾動網頁捲軸

　　從 ETtoday 新聞雲（https://www.ettoday.net/news/news-list.htm）擷取最新新聞。開啓網頁，點選「最新」，發現若將網頁捲軸移到最下面，會顯示更之前的新聞，也就是以滾動捲軸的方式動態新增網頁，目標擷取 180 篇以上的最新新聞標題。

圖 5-49

　　先執行使用 RSelenium 套件前的程式碼（範例 5-15），開啓瀏覽器，瀏覽上述網頁。嘗試擷取新聞標題，顯示最後六筆的新聞，計算擷取資料量，如範例 5-17（於 2020-08-20 更新）。

■ 範例 5-17

　　程式碼：

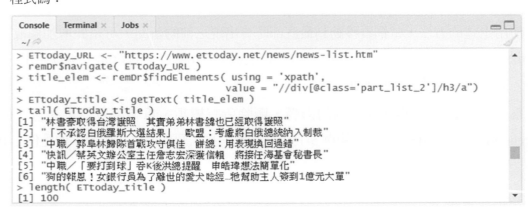

　　接下來，學習如何移動網頁捲軸。先到一般瀏覽器（Google Chrome），開啓網頁，按 F12，點選「Elements」，再複製「<body>」的 CSS 或 XPath 網頁位址，如圖 5-50。

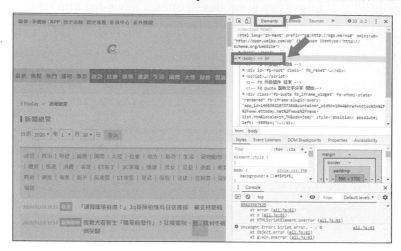

圖 5-50

　　範例 5-18 延續範例 5-17，以 XPath 網頁位址爲例，分別依序嘗試將網頁移至頂部、移至底部、往下移動、往上移動。

■ 範例 5-18

```
> move <- remDr$findElement(using = 'xpath', value = "/html/body")
> move$sendKeysToElement( list ( key = "home"))
> move$sendKeysToElement( list ( key = "end"))
> move$sendKeysToElement( list ( key = "down_arrow"))
> move$sendKeysToElement( list ( key = "up_arrow"))
>
```

　　使用上述的方法，當網頁移動到最底部時會出現之前的新聞，可藉此增加擷取新聞的數量。由於不知道要移動至底部多少次才可獲得 180 篇以上的新聞，所以使用 while 迴圈，設定滿足條件就跳出迴圈。

　　爲了避免數據受到前面範例的影響，刪除所有變項，重啓瀏覽器，執行「使用 RSelenium 套件前的程式碼」（範例 5-15），瀏覽網頁，製作 repeat 迴圈，如範例 5-19。

■ 範例 5-19

```
Console  Terminal ×  Jobs ×                                         ▭☐
~/
> #先執行範例5-15
> ETtoday_URL <- "https://www.ettoday.net/news/news-list.htm"
> remDr$navigate( ETtoday_URL )
> repeat{
+   title_elem <- remDr$findElements( using = 'xpath',
+                                     value = "//div[@class='part_list_2']/h3/a" )
+   ETtoday_title <- getText( title_elem )
+   title_n <- length(ETtoday_title)
+   print( paste0("新聞數量:", title_n ))
+   if ( title_n < 180 ){
+     move <- remDr$findElement( "xpath", "/html/body" )
+     move$sendKeysToElement( list(key = "end") )
+     Sys.sleep(5)
+   } else  break
+ }
[1] "新聞數量:100"
[1] "新聞數量:110"
[1] "新聞數量:120"
[1] "新聞數量:140"
[1] "新聞數量:150"
[1] "新聞數量:160"
[1] "新聞數量:180"
> tail( ETtoday_title )
[1] "寶兒「10週年活動珍貴照」躺公司硬碟十年才見光！　粉絲氣炸：SM是時空膠囊？"
[2] "獨／好市多汐止店「電梯夾拐杖」！她摔倒重撞腦震盪　兒怒炸：制式化關心"
[3] "肯定「史普尼克一V」　俄羅斯總理宣布已注射新冠肺炎疫苗"
[4] "美暫停與港移交逃犯　港府：試圖把香港當棋子「製造中美麻煩」"
[5] "半癱浪浪眼眶含淚努力復健站起來　同伴在公園被打死"
[6] "宏碁周邊設備銷售暢旺　上半年泛美市場銷售成長127%"
> length( ETtoday_title )
[1] 180
>
```

5-3-7　輸入關鍵字

從 TWSE 臺灣證券交易所（https://www.twse.com.tw/zh/）擷取台泥（1101）、亞泥（1102）與嘉泥（1103）的個股年成交資訊。開啟網頁，點選「交易資訊」，再點選「個股年成交資訊」，輸入股票名稱 / 代碼，即可查詢。

圖 5-51

　　嘗試從一般瀏覽器查詢台泥（1101）、亞泥（1102）與嘉泥（1103），發現網頁網址皆相同，無法用靜態擷取網頁的方式，如圖 5-52。

圖 5-52

　　為了解決這個難題，使用 RSelenium 套件中的函數 sendKeysToElement 可輸入文字，函數 clickElement 點擊「查詢」，函數 getPageSource 獲取當前頁面，最後再使用 rvest 套件的函數 read_html 與 html_table 擷取表格。以台泥（1101）為例，先執行「使用 RSelenium 套件前的程式碼」（範例 5-15）。定位要輸入股票代碼的網頁位址，函數 sendKeysToElement 輸入要查詢的股票代碼，再定位查詢按鈕的網頁位址並點擊，最後用 rvest 套件中的函數 html_table 擷取網頁的表格資料，如範例 5-20。

■ 範例 5-20

```
> TWSE_URL <-
+    "https://www.twse.com.tw/zh/page/trading/exchange/FMNPTK.html"
> remDr$navigate( TWSE_URL )
> enter <- remDr$findElement( using = 'xpath',
+                             value = "//input[@class='stock-code-autocomplet
e']" )
> enter$sendKeysToElement( list("1101") )
> search <- remDr$findElement( using = 'xpath',
+                              value = "//a[@class='button search']" )
> search$clickElement()
> TWSE_source <- remDr$getPageSource() %>% unlist()  %>% read_html()
> TWSE_table <- html_table( TWSE_source, fill = TRUE )[[1]]
> view( TWSE_table )
> |
```

	年度	成交股數	成交金額	成交筆數	最高價	日期	最低價	日期	收盤平均價
1	80	1,039,525,654	91,746,579,128	432,507	114.00	5/10	60.00	1/17	84.08
2	81	468,122,568	28,423,548,095	159,911	77.50	1/27	45.00	9/18	59.55
3	82	1,266,413,190	76,642,604,419	336,138	75.00	12/31	48.50	1/08	56.87
4	83	949,580,499	58,495,417,380	272,378	79.50	1/06	48.00	12/01	58.71
5	84	823,353,076	37,931,497,397	203,912	59.00	1/19	30.70	11/18	43.46
6	85	1,714,074,216	91,723,034,778	401,332	68.00	6/29	33.50	1/06	51.86

Showing 1 to 7 of 29 entries, 9 total columns

圖 5-53

若想將各股票（三支股票）分別儲存成 csv 或 excel 檔案（三個檔案），那就不需要擷取表格，該頁面有「CSV 下載」，只需修改程式碼，直接點擊便可獲得資料。但是，若想將各股票儲存成一個檔案，那就需要使用 xlsx 套件，範例 5-21 示範如何用 for 迴圈擷取三支股票資訊的表格，儲存在 excel 檔案分頁中，其結果如圖 5-54。

先執行「使用 RSelenium 套件前的程式碼」（範例 5-15），接續以下程式碼。

■ 範例 5-21

```
> stock <- c("1101","1102","1103")
> for ( i in 1:length(stock)) {
+   TWSE_URL <- "https://www.twse.com.tw/zh/page/trading/exchange/FMNPTK.html"
+   remDr$navigate( TWSE_URL )
+   Sys.sleep(5)
+   enter <- remDr$findElement( using = 'xpath',
+                               value = "//input[@class='stock-code-autocomplet
e']" )
+   enter$sendKeysToElement( list( stock[i] ) )
+   search <- remDr$findElement( using = 'xpath',
+                                value = "//a[@class='button search']" )
+   search$clickElement()
+   Sys.sleep(5)
+   TWSE_source <- read_html(remDr$getPageSource() %>% unlist())
+   TWSE_table <- html_table( TWSE_source, fill = TRUE )[[1]]
+   write.xlsx2( TWSE_table, file="2018個股年成交資訊.xlsx",
+                sheetName = stock[i], col.names=TRUE,
+                row.names=FALSE, append= TRUE,
+                showNA=TRUE, encoding = "UTF-8")
+   print( paste0(stock[i],"...擷取成功"))
+ }
[1] "1101...擷取成功"
[1] "1102...擷取成功"
[1] "1103...擷取成功"
> 
```

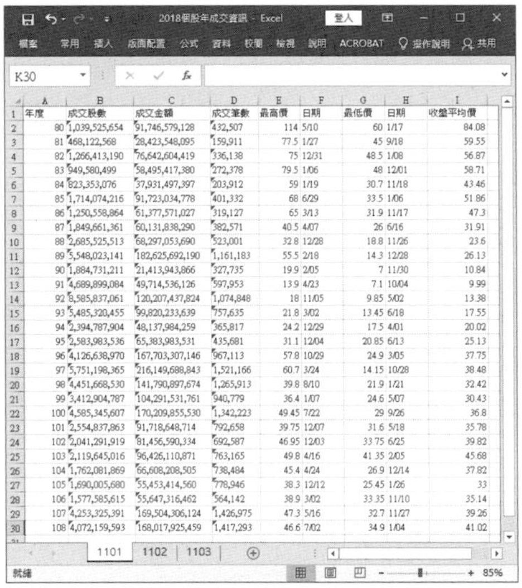

年度	成交股數	成交金額	成交筆數	最高價	日期	最低價	日期	收盤平均價
80	1,039,525,654	91,746,579,128	432,507	114	5/10	60	1/17	84.08
81	468,122,568	28,423,548,095	159,911	77.5	1/27	45	9/18	59.55
82	1,266,413,190	76,642,604,419	336,138	75	12/31	48.5	1/08	56.87
83	949,580,499	58,495,417,380	272,378	79.5	1/06	48	12/01	58.71
84	823,353,076	37,931,497,397	203,912	59	1/19	30.7	11/18	43.46
85	1,714,074,216	91,723,034,778	401,332	68	6/29	33.5	1/06	51.86
86	1,250,558,864	61,377,571,027	319,127	65	3/13	31.9	11/17	47.3
87	1,849,661,361	60,131,838,290	382,571	40.5	4/07	26	6/16	31.91
88	2,685,525,513	68,297,053,690	523,001	32.8	12/28	18.8	11/26	23.6
89	5,548,023,141	182,625,692,190	1,161,183	55.5	2/18	14.3	12/28	26.13
90	1,884,731,211	21,413,943,866	327,735	19.9	2/05	7	11/30	10.84
91	4,689,899,084	49,714,536,126	597,953	13.9	4/23	7.1	10/04	9.99
92	8,585,837,061	120,207,437,824	1,074,848	18	11/05	9.85	5/02	13.38
93	5,485,320,455	99,820,233,639	757,635	21.8	3/02	13.45	6/18	17.55
94	2,394,787,904	48,137,984,259	365,817	24.2	12/29	17.5	4/01	20.02
95	2,583,983,536	65,383,983,531	435,681	31.1	12/04	20.85	6/13	25.13
96	4,126,638,970	167,703,307,146	967,113	57.8	10/29	24.9	3/05	37.75
97	5,751,198,365	216,149,688,843	1,521,166	60.7	3/24	14.15	10/28	38.48
98	4,451,668,530	141,790,897,674	1,265,913	39.8	8/10	21.9	1/21	32.42
99	3,412,904,787	104,291,531,761	940,779	36.4	1/07	24.6	5/07	30.43
100	4,585,345,607	170,209,855,530	1,342,223	49.45	7/22	29	9/26	36.8
101	2,554,837,863	91,718,648,714	792,658	39.75	12/07	31.6	5/18	35.78
102	2,041,291,919	81,456,590,334	692,587	46.95	12/03	33.75	6/25	39.82
103	2,119,645,016	96,426,110,871	763,165	49.8	4/16	41.35	2/05	45.68
104	1,762,081,869	66,608,208,505	738,484	45.4	4/24	26.9	12/14	37.82
105	1,690,005,680	55,453,414,560	778,946	38.3	12/12	25.45	1/26	33
106	1,577,585,615	55,647,316,462	564,142	38.9	3/02	33.35	11/10	35.14
107	4,253,325,391	169,504,306,124	1,426,975	47.3	5/16	32.7	11/27	39.26
108	4,072,159,593	168,017,925,459	1,417,293	46.6	7/02	34.9	1/04	41.02

圖 5-54

順利建立 excel 檔後，若想讀取股票代號 1102 的個股年成交資訊，參考範例 5-22（參數 sheetName 微分頁名稱）。

■ 範例 5-22

```
Console  Terminal ×  Jobs ×
~/
> rm(list=ls())
> stock1102 <- read.xlsx2( file="2018個股年成交資訊.xlsx",
+                          sheetName = "1102",
+                          header=TRUE)
> View( stock1102 )
> |
```

	年度	成交股數	成交金額	成交筆數	最高價	日期	最低價	日期.1	收盤平均價
1	80	437,053,826	30,426,050,708	148,581	81	5/10	44.5	1/16	68.17
2	81	133,893,110	8,874,263,737	39,563	78.5	1/29	50	9/18	63.08
3	82	405,571,711	22,745,671,771	73,940	66	3/05	45.8	9/16	54.02
4	83	535,993,322	29,863,471,979	83,617	69	1/06	48	10/11	55.08
5	84	581,003,147	30,022,065,025	80,307	61.5	2/25	35.4	11/23	48.91
6	85	542,678,240	26,456,788,583	90,807	56	6/29	39	1/06	48.47
7	86	597,509,042	27,678,037,648	125,102	56	3/14	35.1	10/30	44.72
8	87	537,632,236	17,147,686,923	103,171	38.7	1/03	25.3	9/01	32.07
9	88	858,162,705	22,800,270,078	170,445	33	4/21	18.9	2/05	25.88
10	89	1,586,935,625	43,227,671,288	332,544	43.3	2/21	13.4	10/03	22.26

Showing 1 to 12 of 29 entries, 9 total columns

圖 5-55

5-3-8　動態擷取網頁——練習

從蘋果日報的首頁（https://hk.appledaily.com/）開始，點擊搜尋按鈕，輸入搜尋關鍵字「旅遊」，擷取前 100 篇的相關新聞標題，繪製文字雲，停用詞庫用 stopword_UTF8.txt 檔案（參考 3-2-2 小節的 tmcn 套件介紹）。

■ 參考答案

步驟 1：刪除所有變項，使用 RSelenium 套件開啟瀏覽器

```
Console  Terminal ×  Jobs ×
~/
> rm(list=ls())
> remDr <- remoteDriver(
+    remoteServerAddr = "localhost",
+    port = 4444,
+    browserName = "chrome")
> remDr$open()
[1] "Connecting to remote server"
```

步驟 2：建立 function，簡化後續程式碼

```
Console   Terminal ×   Jobs ×                                                    ─ □
~/ ⏎                                                                              🖌
> #function功能:依照網頁的selector位址"擷取文字"
> get_text <-function( text_xpath ){
+   elem <- remDr$findElements( using = 'css selector', value = text_xpath )
+   unlist( lapply (elem, function(word) { word$getElementText() }))
+ }
> #function功能:依照網頁xpath位址"點擊"
> click_word <- function( click_xpath ){
+   click_elem <- remDr$findElement( using = 'xpath',
+                                    value = click_xpath)
+   click_elem$clickElement()
+ }
> #function功能:依照網頁xpath位址"滾動網頁捲軸"
> move_down <- function( move_xpath ){
+   move <- remDr$findElement( using = "xpath",
+                              value = move_xpath )
+   move$sendKeysToElement( list(key = "end") )
+ }
> #function功能:依照網頁xpath位址"輸入關鍵字，按下enter鍵搜尋"
> search_word <- function( word , word_xpath ){
+   enter <- remDr$findElement( using = 'xpath',
+                               value = word_xpath )
+   enter$sendKeysToElement( list( word , key="enter"))
+ }
>
```

步驟 3：網路爬蟲

```
Console   Terminal ×   Jobs ×                                                    ─ □
~/ ⏎                                                                              🖌
> #步驟3：網路爬蟲
> #瀏覽蘋果日報首頁
> remDr$navigate("https://hk.appledaily.com/")
> #搜尋關鍵字(輸入+enter鍵搜尋)
> search_word( word = "旅遊",
+              word_xpath = '//*[@id="global-header"]/header/div/div[2]/form/input')
> #迴圈：新聞標題數小於100，則不斷向下滑，符合條件則跳出迴圈
> repeat{
+   news_title <- get_text( text_xpath = '#article-header .truncate--3') %>%
+     .[nchar(.)>1]
+   news_n <- length(news_title)
+   print( paste0("新聞數量:", news_n ))
+   if ( news_n < 100 ){
+     move_down( move_xpath = '/html/body')
+     Sys.sleep(5)
+   } else break
+ }
[1] "新聞數量:20"
[1] "新聞數量:40"
[1] "新聞數量:59"
[1] "新聞數量:78"
[1] "新聞數量:98"
[1] "新聞數量:117"
>
```

步驟 4：整理資料，製作文字雲

```
> #整合所有新聞標題，刪除英文、數字、標點符號、空白字元
> news_title %<>% head( 100 ) %>%
+   paste0( collapse = " ") %>%
+   gsub( "[A-z0-9[:punct:]][:space:]]" , "" , .)
> #建立斷詞引擎（停用詞庫用介紹"3-2-2 tmcn套件"中文停用詞庫時，所匯出的txt檔案）
> cutword = worker( stop_word = "stopword_UTF8.txt")
> #查看斷詞結果
> news_cutword <- cutword[news_title]
> #繪製文字雲（至少出現一次）
> news_cutword %>%
+   .[nchar(.)>1] %>%
+   table() %>%
+   sort( decreasing = T) %>%
+   data.frame %>%
+   subset( Freq > 2 ) %>%
+   wordcloud2()
> |
```

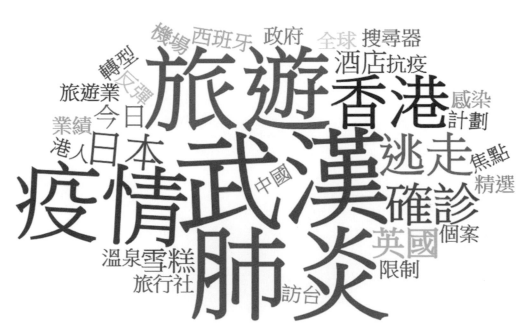

圖 5-56

NOTE

※（請由此線剪下）

親愛的加入

全華會員

● 會員獨享

會員享購書折扣・紅利積點・生日禮金・不定期優惠活動…等。

● 如何加入會員

掃 ORcode 或填妥讀者回函卡直接傳真 (02) 2262-0900 或寄回，將由專人協助登入會員資料，待收到 E-MAIL 通知後即可成為會員。

全華書籍

如何購買

1. 網路購書

全華網路書店「http://www.opentech.com.tw」，加入會員購書更便利，並享有紅利積點回饋等各式優惠。

2. 實體門市

歡迎至全華門市（新北市土城區忠義路 21 號）或各大書局選購。

3. 來電訂購

(1) 訂購專線：(02) 2262-5666 轉 321-324
(2) 傳真專線：(02) 6637-3696
(3) 郵局劃撥（帳號：0100836-1　戶名：全華圖書股份有限公司）
※ 購書未滿 990 元者，酌收運費 80 元。

OpenTech 全華網路書店 .com.tw

全華網路書店 www.opentech.com.tw
E-mail: service@chwa.com.tw

※ 本會員制如有變更則以最新修訂制度為準，造成不便請見諒。

讀者回函卡

掃 QRcode 線上填寫 ▶▶

（明山山水學 下）

姓名：　　　　　　　　　生日：西元　　　年　　　月　　　日　性別：□男 □女

電話：（　　　）　　　　　　　　手機：

e-mail：（必填）

註：數字零，請用 Φ 表示，數字 1 與英文 L 請另註明並書寫端正，謝謝。

通訊處：□□□□□

學歷：□高中・職　□專科　□大學　□碩士　□博士

職業：□工程師　□教師　□學生　□軍・公　□其他

學校/公司：　　　　　　　　　科系/部門：

· 需求書類：

□ A. 電子　□ B. 電機　□ C. 資訊　□ D. 機械　□ E. 汽車　□ F. 工管　□ G. 土木　□ H. 化工　□ I. 設計

□ J. 商管　□ K. 日文　□ L. 美容　□ M. 休閒　□ N. 餐飲　□ O. 其他

· 本次購買圖書為：　　　　　　　　　　　　　書號：

· 您對本書的評價：

封面設計：□非常滿意　□滿意　□尚可　□需改善，請說明

內容表達：□非常滿意　□滿意　□尚可　□需改善，請說明

版面編排：□非常滿意　□滿意　□尚可　□需改善，請說明

印刷品質：□非常滿意　□滿意　□尚可　□需改善，請說明

書籍定價：□非常滿意　□滿意　□尚可　□需改善，請說明

整體評價：請說明

· 您在何處購買本書？

□書局　□網路書店　□書展　□團購　□其他

· 您購買本書的原因？（可複選）

□個人需要　□公司採購　□親友推薦　□老師指定用書　□其他

· 您希望全華以何種方式提供出版訊息及特惠活動？

□電子報　□DM　□廣告（媒體名稱　　　　　　　）

· 您是否上過全華網路書店？（www.opentech.com.tw）

□是　□否　您的建議

· 您希望全華出版哪方面書籍？

· 您希望全華加強哪些服務？

感謝您提供寶貴意見，全華將秉持服務的熱忱，出版更多好書，以饗讀者。

填寫日期：　　　/　　　/

2020.09 修訂

親愛的讀者：

感謝您對全華圖書的支持與愛護，雖然我們很慎重的處理每一本書，但恐仍有疏漏之處，若您發現本書有任何錯誤，請填寫於勘誤表內寄回，我們將於再版時修正，您的批評與指教是我們進步的原動力，謝謝！

全華圖書　敬上

勘誤表

書　號			
頁　數	行　數	書　名	作　者
		錯誤或不當之詞句	建議修改之詞句

我有話要說：　（其它之批評與建議，如封面、編排、內容、印刷品質等‧‧‧）